# 健脑益智 菜汤粥

【总策划】杨建峰 【主 编】陈志田

U0259547

江西科学技术出版社

## 图书在版编目（CIP）数据

健脑益智菜汤粥 / 陈志田主编.— 南昌：江西科学技术出版社，2014.4

ISBN 978-7-5390-5013-3

Ⅰ.①健… Ⅱ.①陈… Ⅲ.①脑—保健—汤菜—菜谱②脑—保健—粥—食谱 Ⅳ.①TS972.122 ②TS972.137

中国版本图书馆CIP数据核字（2014）第045608号

国际互联网（Internet）地址：

http：//www.jxkjcbs.com

选题序号：KX2014030

图书代码：D14028-101


## 健脑益智菜汤粥 　　　　　　　　　　　　　　　　　　　　　　　陈志田主编

| 出　　版 | 江西科学技术出版社 |
| --- | --- |
| 社　　址 | 南昌市蓼洲街2号附1号 |
| | 邮编：330009　　电话：（0791）86623491　　86639342（传真） |
| 印　　刷 | 北京新华印刷有限公司 |
| 总 策 划 | 杨建峰 |
| 项目统筹 | 陈小华 |
| 责任印务 | 高峰　苏画眉 |
| 设　　计 | 松雪图文 王进 |
| 经　　销 | 各地新华书店 |
| 开　　本 | 787mm×1092mm　　1/16 |
| 字　　数 | 260千字 |
| 印　　张 | 16 |
| 版　　次 | 2014年4月第1版　　2014年4月第1次印刷 |
| 书　　号 | ISBN 978-7-5390-5013-3 |
| 定　　价 | 28.80元（平装） |

赣版权登字号-03-2014-66

# 目录 CONTENTS

**Part 1** 健脑益智菜

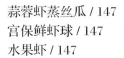

# Part 2 健脑益智汤

## Part 3 健脑益智粥

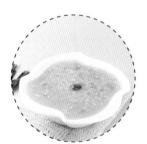

# Part 1
# 健脑益智菜

　　生活中有各种美味的菜肴，它们不仅满足了人类生存需求，也提高了人类生活质量，进而影响着人类丰富的精神世界。每一样菜都有其特殊的营养价值和口感，只有明确需求，选对食材，其应有的效果才会彰显出来。本章精心挑选了有益于增加智力、增强记忆力的食谱方案，这些菜式口味不一、营养丰富，做法讲解合理、到位，非常方便人们参考和使用。

## 健脑益智功效

　　金针菇营养丰富，被誉为"增智菇"、"益智菇"。中医认为，其性寒味咸，归脾、大肠经，能健脑益智、增强免疫力、保护肝脏、益肠胃。据分析，金针菇富含蛋白质、维生素C、镁、钾、磷、胡萝卜素、纤维素等多种营养元素，是一种营养丰富、祛病强身的优良食物。其蛋白质含量很高，总共含有18种氨基酸，其中8种是人体必需的，而赖氨酸、精氨酸又有促进儿童智力发育和健脑的作用。

　　此外，金针菇中还含锌，对儿童的身高和智力发育有良好作用。一般人群经常食用还可起到增强免疫力的作用。

## 食用注意

　　☞经过熏、漂、染或用添加剂处理过的金针菇没有清香味，不宜食用。

　　☞金针菇不宜与牛奶一同食用。

　　☞脾胃虚寒者不宜多食。

# 黄花菜炒金针菇

**原料** 金针菇200克，黄花菜100克，红椒、青椒各30克

**调料** 盐3克，食用油适量

**做法** ①将金针菇洗净，去尾部；黄花菜泡发，洗净；红椒、青椒均洗净，去籽，切条。
②锅置火上，入油烧热，放入红椒条、青椒条爆香。
③再放入金针菇、黄花菜翻炒片刻，加盐调味，炒熟即可。

# 荷兰豆拌金针菇

原料　荷兰豆250克，金针菇150克，红椒适量

调料　盐3克，生抽、香油各8克，醋6克

做法　①荷兰豆洗净，撕去老筋，切丝；金针菇洗净，去尾部、备用；红椒洗净，去籽切丝。
②锅中注水烧沸，分别放入荷兰豆丝、金针菇焯熟，捞出沥水，与红椒丝一同装盘。
③加入盐、生抽、香油、醋，拌匀即可食用。

# 素炒金针菇

原料　金针菇200克，胡萝卜100克，葱20克

调料　盐、鸡粉、料酒、香油、生抽、食用油各适量

做法　①金针菇切去尾部，洗净备用；胡萝卜去皮洗净，切丝；葱洗净，切长段。
②锅入油烧热，放入胡萝卜丝、金针菇翻炒片刻。
③加入葱段、鸡粉、盐、料酒、生抽调味，快速翻炒均匀，淋入香油即可。

# 金针菇炝牛肚丝

 **原料** 金针菇200克，牛肚150克，彩椒适量

 **调料** 生抽8克，料酒6克，味精1克，盐3克，食用油适量

 **做法** ①金针菇洗净，去根部；牛肚洗净，切丝；彩椒洗净，去籽切丝。
②油锅烧热，下牛肚炒至七成熟，再放入金针菇、彩椒丝翻炒至熟。
③调入盐、生抽、料酒、味精，炒匀即可。

# 红油金针菇

 **原料** 金针菇200克

 **调料** 盐3克，醋6克，辣椒油10克，葱花少许

 **做法** ①将金针菇洗净，去根部，放入沸水中焯煮至熟，捞出沥水，装入盘中。
②往金针菇中加入盐、醋、适量辣椒油拌匀，最后撒上葱花即可。

# 金针瓜丝

 **原料** 金针菇、黄瓜各150克，红椒少许

 **调料** 盐2克，生抽6克，醋8克，香油适量

**做法** ①金针菇洗净，去根部，放入沸水中焯熟，捞出沥水；黄瓜洗净，切丝；红椒洗净，去籽切丝。
②将金针菇、黄瓜丝一同装盘，加入盐、生抽、醋拌匀，淋上香油，最后撒上红椒丝即可。

**原料** 金针菇200克，心里美萝卜100克，青椒、红椒各50克

 **调料** 盐3克，醋8克，香油10克

 **三丝金针菇**

 **做法** ①金针菇洗净，去根部，放入沸水中焯熟，捞出；心里美萝卜去皮洗净，切厚片，摆盘；青椒、红椒均洗净，去籽切丝。
②将金针菇和青椒丝、红椒丝一同装盘，加入盐、醋、香油，拌匀即可食用。

---

**鱼香金针菇**

**原料** 金针菇120克，胡萝卜150克，红椒、青椒各30克

 **调料** 盐、鸡粉各2克，豆瓣酱15克，白糖3克，陈醋10克，食用油、葱、姜、蒜各适量

 **做法** ①胡萝卜去皮洗净切丝；青椒、红椒均洗净切丝；金针菇洗净去根部；姜洗净切片；蒜洗净切末；葱洗净切段。
②起油锅，爆香姜片、蒜末、胡萝卜丝。
③放入金针菇、青椒丝、红椒丝、葱段炒均匀。
④放入豆瓣酱、盐、鸡粉、白糖、陈醋炒至食材入味即可。

---

 **原料** 水发粉丝、金针菇、胡萝卜各100克，香菜15克，蒜末少许

 **调料** 盐3克，生抽、陈醋、香油、食用油各适量

**金针菇拌粉丝**

 **做法** ①金针菇洗净，去根部；胡萝卜洗净切丝；粉丝洗净切段；香菜洗净切段。
②锅入水烧开，加盐、食用油，倒入胡萝卜丝、金针菇、粉丝煮至熟软，捞出装碗，加入蒜末、盐、生抽、陈醋、香油，拌匀。
③撒上香菜，快速搅拌至食材入味即可。

黑木耳

## 健脑益智功效

黑木耳营养丰富，富含碳水化合物、蛋白质、铁、钙、磷、胡萝卜素、维生素等多种营养成分。黑木耳是木耳的子实体，性平（偏凉）味甘，具有益气强身、防治贫血、美容养颜、滋肾养胃、活血的功效。各项研究显示，木耳所含的磷脂主要为脑磷脂、卵磷脂、鞘磷脂、麦角甾醇，有非常好的健脑益智的功效。

此外，黑木耳还可以降低血液凝块，有防脑栓塞、防冠心病的作用。黑木耳比较适合长期从事脑力劳动的人食用。

## 食用注意

☞黑木耳不宜与黑鸭一同烹饪。

☞干木耳烹调前宜用温水泡发，泡发后仍然紧缩在一起的部分不宜吃。

☞孕妇以及腹泻者不宜多食。

# 荷兰豆拌黑木耳

**原料** 荷兰豆300克，黑木耳50克

**调料** 盐2克，生抽8克，味精1克，香油适量

**做法** ①荷兰豆洗净，撕去老筋后切丝；黑木耳泡发洗净，撕成小朵。

②将荷兰豆丝、黑木耳朵分别放入沸水中焯熟，捞出沥水，装盘。

③加入盐、生抽、味精、香油，拌匀即可。

# 芥蓝黑木耳

**原料** 芥蓝250克，黑木耳50克，红椒少许

**调料** 生抽8克，醋6克，香油适量

**做法** ①芥蓝去皮洗净，切成长片；黑木耳泡发洗净，撕成小朵；红椒洗净，切开去籽，改切成丝。
②将芥蓝片、黑木耳朵分别放入沸水中焯熟，捞出沥水，与红椒丝一起装盘。
③加入生抽、醋、香油，拌匀即可。

# 黑木耳拌黄瓜

**原料** 黑木耳100克，核桃仁200克，黄瓜50克，红椒少许

**调料** 盐3克，味精1克，醋6克，生抽10克

**做法** ①黑木耳洗净泡发，撕小朵；核桃仁洗净；黄瓜洗净，切斜片；红椒洗净，去籽，切片。
②锅入水烧沸，放入黑木耳朵、红椒片焯熟，捞出沥干并放入盘中，再放入黄瓜片、核桃仁。
③加入盐、味精、醋、生抽拌匀即可。

## 西芹黑木耳

 西芹150克，水发黑木耳100克，胡萝卜、百合、食用油各适量

 盐2克，味精1克，生抽6克

 ①西芹洗净，切斜段；水发黑木耳洗净，撕成小朵；胡萝卜去皮洗净，切成片；百合泡发洗净。
②油锅烧热，放入西芹、黑木耳、胡萝卜、百合一同炒熟。
③加入盐、味精、生抽调味，炒匀即可。

 蒜薹300克，猪瘦肉200克，红椒50克，水发黑木耳40克

## 蒜薹黑木耳炒肉

 盐3克，鸡粉2克，生抽6克，水淀粉、食用油各适量

 ①黑木耳洗净切块；红椒洗净切丝；蒜薹洗净切段；猪瘦肉洗净切丝，装碗，加盐、鸡粉、水淀粉、食用油腌渍。
②锅入水烧开，加食用油、盐，倒入蒜薹段、木耳块、彩椒丝焯熟，捞出。
③起油锅，倒入肉丝翻炒，加生抽、焯煮过的食材、鸡粉、盐炒匀，用水淀粉勾芡即可。

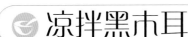

## 凉拌黑木耳

 水发黑木耳150克，红椒少许

 生抽、醋各6克，香油8克，葱、蒜、香菜、食用油各少许

做法 ①水发黑木耳洗净，撕成小朵，入沸水中焯熟，捞出沥水后装盘。
②红椒洗净，切丝；葱洗净，切段；蒜去皮洗净，拍碎；香菜洗净，切段。
③将红椒丝、葱段、蒜碎、香菜段放入盘中，加入生抽、醋、香油拌匀即可。

## 巧拌黑木耳

 **原料** 黑木耳100克，黄瓜、胡萝卜各适量，青椒、红椒各少许

 **调料** 盐3克，醋6克，辣椒油10克

 **做法** ①黑木耳泡发，洗净后撕成小朵；黄瓜、胡萝卜均洗净切片；青椒、红椒洗净，切块。
②将黑木耳朵、胡萝卜片分别放入沸水中焯烫，捞出沥水，装盘。
③加入黄瓜片、青椒块、红椒块，调入盐、醋、辣椒油，拌匀即可。

## 黑木耳炒肉片

 **原料** 黑木耳100克，五花肉50克，青椒、红椒各适量，葱白少许

 **调料** 盐3克，酱油8克，白糖5克，食用油适量

 **做法** ①黑木耳泡发洗净，撕小块；五花肉洗净，切片；青椒、红椒均洗净，切菱形块；葱白洗净，切小段。
②油锅烧热，下五花肉片煸炒，再放入黑木耳块、青椒块、红椒块同炒至熟。
③加入葱白，调入盐、酱油、白糖炒匀，即可装盘。

## 鸡汁黑木耳

 **原料** 黑木耳50克，虾仁100克，火腿、腐皮各适量，红椒少许

 **调料** 盐3克，蛋清、鸡汤、食用油各适量

 **做法** ①黑木耳泡发洗净；虾仁洗净，用蛋清抓匀上浆；火腿洗净切丝；腐皮浸软，洗净后切片；红椒洗净切块。
②油锅烧热，放入虾仁滑熟，捞出；锅内注入鸡汤烧开，放入火腿丝煮出香味，再下黑木耳、虾仁、腐皮块同煮至熟。
③加盐调味，撒上红椒块即可。

## 健脑益智功效

黄豆营养丰富，被称为"豆中之王"。每100克黄豆含蛋白质36.3克，脂肪13.4克，碳水化合物25克，钙36.7毫克，磷57.1毫克，铁11毫克，胡萝卜素0.4毫克，维生素$B_1$0.79毫克，维生素$B_2$0.25毫克，烟酸2.1毫克。此外，黄豆还含有丰富的卵磷脂、大豆皂醇等多种营养成分，这些成分对于脑细胞的合成极为有利。

黄豆含有丰富的矿物质成分，对于促进机体的生长和发育也有着积极的作用；黄豆中富含的食物纤维，可以起到改善便秘和降低血压、胆固醇的作用。经常食用黄豆对于脑部的维护十分有益。

## 食用注意

☞色泽暗淡、无光泽者为劣质大豆，不宜选购。

☞不宜过量食用黄豆，否则易引起腹胀等不适反应。

☞患疮痘期间不宜食用黄豆及其制品。

## 芥蓝拌黄豆

 原料　芥蓝50克，黄豆200克，红辣椒4克

 调料　盐2克，醋、味精各1克，香油5克

 做法　①芥蓝去皮洗净，切碎；黄豆洗净；红辣椒洗净，切圈。

②锅内注水烧开，把芥蓝碎放入水中焯熟，捞起控干；再将黄豆放入水中煮熟，捞出。

③黄豆、芥蓝碎放入碗中，加盐、醋、味精、香油、红辣椒圈调成味汁，浇在上面即可。

# 黄豆扣凤爪

 **原料** 鸡爪250克，黄豆200克

 **调料** 水淀粉、料酒各10克，盐4克，香菜叶少许

**做法** ①将鸡爪收拾干净，切去趾甲，放入锅中，用大火蒸熟入盘；黄豆洗净，浸水泡软后加盐入沸水锅焯熟盛盘。
②将盐、水淀粉、料酒拌匀，淋在鸡爪上，入蒸锅中蒸熟，放上香菜叶装饰即可。

# 茭白烧黄豆

 **原料** 茭白180克，彩椒45克，水发黄豆200克，蒜末、葱花各少许

 **调料** 盐、鸡粉各3克，蚝油10克，水淀粉、香油各2克，食用油适量。

 **做法** ①茭白、彩椒均洗净，切菱形块；黄豆洗净。
②水烧开，加盐、鸡粉、食用油，放入茭白块、彩椒块、黄豆煮熟，捞出，沥水备用。
③起油锅，爆香蒜末，倒入焯水食材，加蚝油、鸡粉、盐、清水、水淀粉、香油煮沸，大火收汁，加入葱花，翻炒均匀即可。

## 茄汁黄豆

**原料** 水发黄豆150克，西红柿95克，香菜、蒜末各少许

**调料** 盐、生抽各3克，番茄酱12克，白糖4克，食用油适量

**做法**
①西红柿洗净切丁；香菜洗净切末。
②锅中注水烧开，倒入黄豆，加入盐，煮1分钟，捞出沥干，备用。
③用油起锅，爆香蒜末，倒入西红柿丁，翻炒片刻，放入黄豆炒匀，加少许水、盐、生抽、番茄酱、白糖，炒匀调味，起锅装盘，撒上香菜末即可。

## 丝瓜焖黄豆

**原料** 丝瓜180克，水发黄豆100克，姜片、蒜末、葱段各少许

**调料** 生抽4克，鸡粉2克，豆瓣酱7克，水淀粉2克，盐、食用油各适量

**做法**
①丝瓜洗净去皮，斜切成小块；黄豆洗净，入沸水锅中焯水，捞出。
②起油锅，爆香姜片、蒜末，倒入黄豆，加水、生抽、盐、鸡粉，烧开后用小火焖15分钟至黄豆熟软，倒入丝瓜块焖至熟即可出锅。
③加入豆瓣酱、葱段，炒匀，加适量水淀粉勾芡。

## 黄豆焖鸡翅

**原料** 水发黄豆200克，鸡翅220克，姜片、蒜末、葱段各少许

**调料** 盐、鸡粉、生抽各2克，料酒6克，水淀粉、老抽、食用油各适量

**做法**
①鸡翅洗净斩块，装碗，加盐、鸡粉、生抽、料酒、水淀粉抓匀腌渍。
②起油锅，爆香姜片、蒜末、葱段，倒入鸡翅，调入料酒、盐、鸡粉、清水、黄豆，炒匀，放入适量老抽，炒匀上色。
③用小火焖20分钟至食材熟透。
④大火收汁，用水淀粉勾芡，盛出即可。

## 双椒黄豆

 **原料** 黄豆400克，红辣椒、青辣椒各2个

 **调料** 盐4克，鸡精3克，蒜片、姜末、食用油各适量

 **做法** ①红辣椒、青辣椒均洗净后切丁；黄豆洗净。

②锅入水煮开，放入黄豆煮熟，捞起沥水。

③锅入油烧热，放入蒜片、姜末爆香，加入黄豆、红辣椒丁、青辣椒丁炒熟，调入盐、鸡精炒匀即可。

## 胡萝卜拌黄豆

**原料** 胡萝卜300克，黄豆100克

 **调料** 盐4克，味精3克，香油15克

 **做法** ①将胡萝卜削去头、尾，洗净，切成丁，放入盘内；黄豆洗净。

②将胡萝卜丁和黄豆一起入沸水中焯烫至熟，捞出沥水，装碗备用。

③往碗中加入盐、味精、香油，拌匀即成。

## 香椿苗拌黄豆

 **原料** 香椿苗、黄豆各300克

 **调料** 盐4克，味精2克，鸡粉3克，生抽、香油、陈醋、食用油各少许

 **做法** ①香椿苗洗净；黄豆洗净，用水浸泡。

②锅中注水烧沸，加少许盐、食用油，放入黄豆和香椿苗分别焯熟，捞出沥水装盘。

③加入盐、味精、鸡粉、生抽、陈醋、香油拌匀即可。

豆腐

## 健脑益智功效

豆腐营养价值极高，据测定，每100克豆腐中，水分占69.8%、蛋白质15.7克、脂肪8.6克、碳水化合物4.3克、纤维0.1克，能提供611.2千焦的热量。豆腐中的氨基酸、卵磷脂含量颇为丰富，有促进脑细胞发育的功效，是补脑健脑的佳品。豆腐的消化吸收率达95%以上，适宜大多数人群食用。此外，各项研究发现，两小块豆腐可满足一个人一天内钙的需求量。另外，经常食用豆腐，还可起到益气和中、生津润燥、清热解毒、美容嫩肤的功效。

## 食用注意

☞豆腐不宜与含草酸钙较多的食物一同烹饪，否则会影响人体对钙质的吸收。

☞不宜过量食用豆腐，否则易引起腹胀、腹泻等症状。

☞消化性溃疡严重的病人不宜食用豆腐。

# 豆腐蒸黄鱼

**原料** 黄鱼800克，豆腐300克

**调料** 盐4克，干椒圈、葱丝各3克，豉油、黄酒、葱油各适量

**做法** ①黄鱼去鳞和内脏，洗净切块，加入盐、黄酒抓匀；豆腐洗净，切大块。
②将黄鱼放在豆腐上，撒上葱丝、干椒圈，入蒸笼蒸5分钟，取出蒸好的黄鱼，浇上豉油。
③再淋上烧至八成热的葱油即可。

# 花生米拌豆腐

 **原料** 豆腐600克，熟花生米、皮蛋各适量

 **调料** 盐4克，葱花、辣椒油、熟芝麻、食用油各少许

**做法**
①豆腐洗净，放入沸水焯烫，取出切丁。
②皮蛋去壳洗净切丁。
③油锅烧热，将熟花生米、辣椒油、盐、适量水炒成味汁。
④将皮蛋放在豆腐上，淋入味汁，撒上葱花和熟芝麻即可。

# 麻婆豆腐蟹

 **原料** 肉蟹350克，豆腐100克，上海青50克

 **调料** 盐、味精各3克，辣椒粉10克，姜片、料酒、酱油、食用油各适量

 **做法**
①肉蟹用刷子清洗干净，斩块；豆腐洗净，切小块；上海青洗净，焯水，捞出沥干，摆盘。
②起油锅，放入姜片爆香，加入肉蟹炸至火红色，放入豆腐翻炒均匀，加入所有调味料，炒匀即可起锅。

## 上海青豆腐

 **原料** 上海青丁、豆腐丁、鸡胸肉丁、红椒丁各适量

 **调料** 蒜末10克，黑豆少许，料酒8克，甘草2片，水淀粉、葱末各15克，金银花、盐各4克，食用油适量

**做法** ①将黑豆、金银花、甘草洗净，以3碗水煎煮成1碗；上海青洗净；鸡肉加料酒、盐和水淀粉腌渍，入油锅滑熟。
②将葱末、蒜末爆香，加入上海青与药汁煮开后，用水淀粉勾芡，倒入豆腐、鸡丁、红椒丁煮2分钟即可。

## 酱汁豆腐

 **原料** 石膏豆腐250克，生菜20克

 **调料** 西红柿汁、红醋各4克，白糖、水淀粉各3克，食用油适量

 **做法** ①豆腐洗净，切条，均匀地裹上水淀粉；生菜洗净垫入盘底。
②热锅下油，放入豆腐条炸至金黄色，捞出放在生菜上；锅留底油，放入西红柿汁炒香，加入少许水、红醋、白糖，用水淀粉勾芡，起锅淋在豆腐上即可。

## 猪肉镶豆腐

 **原料** 豆腐500克，猪肉300克，青菜200克

 **调料** 盐、酱油、料酒、鸡精、豆瓣酱、蒜末、白糖、食用油各适量

**做法** ①豆腐洗净切块，焯水，捞出装盘；猪肉洗净后切小块，用酱油、料酒、鸡精腌渍，备用；青菜洗净焯熟。
②起油锅，放蒜末、豆瓣酱爆香，放入猪肉块翻炒，加盐、白糖、酱油、少许清水，用大火烧开收汁，起锅盛放在豆腐上。用焯过水的青菜摆盘即可。

原料　豆腐250克，香菇50克，松口蘑15克

 调料　盐、酱油、料酒、白糖、鲜汤、水淀粉、香油、食用油各适量

## 功德豆腐

做法　①豆腐洗净切圆形；香菇洗净；松口蘑洗净去根，香菇、松口蘑均入开水中焯熟。
②锅中放油，烧至七成热时放入豆腐炸至金黄色，调入酱油和鲜汤烧煮入味，汤浓后加盐、白糖、料酒调味，用水淀粉勾芡后起锅码在豆腐顶部，淋入香油即可。

## 宫保豆腐

 原料　黄瓜200克，豆腐300克，红椒、酸笋、胡萝卜、花生米各适量

 调料　盐、鸡粉、豆瓣酱、生抽、辣椒油、醋、葱段、姜片、干辣椒、食用油各适量

做法　①黄瓜、酸笋洗净切丁；胡萝卜洗净切丁；红椒洗净切丁；豆腐洗净切块。
②沸水中加盐，分别将豆腐块、酸笋丁、胡萝卜丁焯水，将花生米放入油锅稍炸。
③热油锅爆香干辣椒、姜片、葱段，倒入所有食材，调入生抽、鸡粉、盐、辣椒油、醋、豆瓣酱炒匀即可。

 原料　豆腐300克，莴笋120克，胡萝卜100克，玉米粒80克，鲜香菇50克

 调料　盐3克，蚝油6克，生抽7克，鸡粉、水淀粉、葱花、蒜末、食用油各适量

## 多彩豆腐

 做法　①去皮洗净的莴笋、胡萝卜均切成丁；香菇洗净切丁；豆腐洗净切长块。
②水烧开，加盐、胡萝卜、莴笋、玉米粒、香菇煮片刻；起油锅，加盐，煎香豆腐块。
③用油起锅，爆香蒜末，倒入焯水的材料、水煮沸，调入生抽、盐、鸡粉、蚝油、水淀粉制成味汁，淋在豆腐上，撒上葱花即成。

豆干

## 健脑益智功效

　　豆干中含有丰富的蛋白质以及人体必需的8种氨基酸，营养价值较高，对于大脑和智力的发育有着明显的促进作用。豆干含有的卵磷脂可除掉附在血管壁上的胆固醇，防止血管硬化，预防心血管疾病，保护心脏。此外，豆干还含有多种矿物质元素，可为人体补充钙质，防止因缺钙引起的骨质疏松，促进骨骼发育，对儿童、老人的骨骼生长极为有利。常食豆干有助于增强机体免疫力，促进和维护大脑的健康。

## 食用注意

☞豆干不宜与菠菜一同烹饪。

☞食用豆干后，最好不要立即饮用蜂蜜。

☞脾胃虚寒、经常腹泻便溏者忌食。

## 青豆蒸香干

**原料** 青豆200克，香干150克

**调料** 盐4克，味精3克，香油2克

**做法** ①香干洗净，切成片，备用；青豆洗净，沥干水分，备用。

②将香干片、青豆盛入碗内，加香油、盐、味精一起拌匀。

③再将所有材料放入锅中，大火蒸熟即可。

# 豆干花生米

 **原料** 豆干200克，花生米50克，芹菜梗、红椒各少许

 **调料** 盐2克，味精1克，生抽、辣椒油各8克，食用油适量

 **做法** ①豆干洗净，切丁，放入沸水中焯熟，捞出沥水，装盘；花生米洗净；芹菜梗洗净，切成小段；红椒洗净，去籽切成丁。

②油锅烧热，放入花生米炒香，放入芹菜梗、红椒丁，调入盐、味精、生抽、辣椒油炒至食材熟透，起锅浇在豆干上即可。

# 素拌香干

 **原料** 香干150克，芹菜、洋葱、青椒、红椒各适量，油炸花生米30克，香菜10克

 **调料** 盐3克，生抽、醋、香油各适量

 **做法** ①香干洗净，切长条；芹菜洗净，切段；洋葱、青椒、红椒均洗净切丝；香菜洗净，切段备用。

②锅中注水烧开，分别放入香干条、芹菜段、洋葱丝焯烫，捞出沥干，装盘。

③盘中放入青椒丝、红椒丝、炸花生米、香菜段，加入盐、生抽、醋、香油，拌匀即可。

黄花菜

## 健脑益智功效

黄花菜味鲜质嫩，营养丰富，含有丰富的花粉、糖、蛋白质、维生素C、钙、脂肪、胡萝卜素等人体所必需的养分，其所含有的胡萝卜素甚至超过西红柿的几倍。各项研究显示，黄花菜含有丰富的卵磷脂，对改善大脑功能有重要作用。

中医认为，黄花菜性凉味甘，有止血、消炎、清热、利湿、消食、明目、安神等功效。研究证实，黄花菜还有健脑益智、改善记忆力、消肿、通乳的功效，适合大多数人群食用。此外，经常食用黄花菜还能滋润肌肤，增强皮肤的韧性和弹力。

## 食用注意

☞新鲜的黄花菜不宜食用，易引起中毒。
☞无清香味的黄花菜大多为劣质的黄花菜，不宜多食。
☞皮肤瘙痒症患者忌食。

## 黄花菜拌金针菇

 **原料** 金针菇、黄花菜各150克，香菜20克

 **调料** 生抽8克，香油6克，白糖5克，盐2克

 **做法** ①金针菇、黄花菜均洗净，分别放入沸水中焯熟，捞出沥水，备用；香菜洗净，备用。
②将金针菇、黄花菜、香菜一同装入盘中。
③加入适量盐、生抽、香油、白糖拌匀即可。

# 红椒炒黄花菜

 **原料** 水发黄花菜200克，红椒70克，蒜末、葱段各适量

 **调料** 盐3克，鸡粉2克，料酒8克，水淀粉4克，食用油适量

**做法** ①洗净的红椒切成条；洗净的黄花菜切去花蒂。
②锅中注水烧开，放入黄花菜，加入少许盐，拌匀煮沸，捞出。
③用油起锅，放入蒜末、红椒条略炒片刻，倒入黄花菜炒匀，淋入适量料酒，炒出香味。
④放入少许盐、鸡粉炒匀调味，倒入葱段，翻炒均匀，淋入适量水淀粉，快速翻炒均匀即可。

# 黄花菜拌海蜇

 **原料** 海蜇200克，黄花菜100克，红椒、黄瓜片各少许

 **调料** 盐3克，味精1克，醋、生抽、香油各适量

 **做法** ①黄花菜洗净；海蜇洗净；红椒洗净，切丝。
②锅内注水，大火烧沸，分别放入海蜇、黄花菜焯熟后，捞出沥干，放凉后装入碗中，再放入红椒丝。
③往碗中加入适量盐、味精、醋、生抽、香油拌匀，盛放到盘中，用黄瓜片装饰即可。

菠菜

## 健脑益智功效

　　菠菜含有丰富的维生素C、胡萝卜素、蛋白质、粗纤维以及铁、钙、磷等矿物质成分。维生素C不但可以促使大脑功能更加完善和健全，还有助于儿童提高智力；蛋白质对神经有重要调节作用，直接影响大脑的发育程度。此外，各项研究表明，常食菠菜还有助于改善记忆力。

　　中医认为，菠菜性凉味甘，有通肠导便、健脑益智、促进发育、增强免疫力作用。此外，菠菜提取物还具有促进细胞增殖的作用，既抗衰老又能增强青春活力。

## 食用注意

　　☞不宜与含钙丰富的食物一同烹饪。

　　☞菠菜不宜与猪肝一同烹饪，因为猪肝含有丰富的铜、铁等金属元素，很容易使维生素C氧化，进而失去本身的营养价值。

## ✆ 菠菜芝麻卷

 **原料** 菠菜200克，豆皮1张，芝麻10克，圣女果1个

 **调料** 盐3克，味精2克，香油5克，酱油5克

 **做法** ①菠菜洗净；芝麻炒香，备用；圣女果洗净。

②豆皮洗净放入沸水中，加盐煮1分钟，捞出；菠菜焯熟后捞出，沥干水分，切碎，同芝麻拌匀，待用。

③豆皮平放，放上菠菜，卷起，切成马蹄形，装盘，放上圣女果装饰即可。

# 菠菜拌四宝

 原料　菠菜200克，杏仁、玉米粒、枸杞、花生米各50克

 调料　盐2克，味精1克，醋3克，香油15克

做法　①菠菜洗净，用沸水焯熟；杏仁、玉米粒、枸杞、花生米洗净后，用沸水焯熟后备用。
②将焯熟后的菠菜、杏仁、玉米粒、枸杞、花生米一同放入盘中。
③加入适量盐、味精、醋、香油，拌匀即可。

# 胡萝卜炒菠菜

 原料　菠菜180克，胡萝卜90克，蒜末少许

 调料　盐3克，鸡粉2克，食用油适量

 做法　①胡萝卜洗净，切丝；菠菜洗净去根，切段。
②锅中注水烧开，放入胡萝卜丝，撒上少许盐，煮至断生后捞出，沥干水分，备用。
③用油起锅，爆香蒜末，倒入菠菜、胡萝卜丝翻炒，加入盐、鸡粉，炒匀调味。
④关火后盛出炒好的食材，装入盘中即成。

# 市耳拌菠菜

 水发黑木耳40克，菠菜90克，水发花生米90克，蒜末少许

 盐3克，鸡粉2克，白糖3克，陈醋6克，香油2克，食用油适量

 ①菠菜洗净切段；黑木耳洗净切块。
②沸水中加盐，倒入花生米，焯水。
③另起锅加水烧开，放入少许盐、食用油，倒入黑木耳块、菠菜段，煮至食材断生，捞出。
④将黑木耳块和菠菜段装碗，放入花生米，调入盐、鸡粉、白糖、陈醋、香油、蒜末，拌至食材入味即可。

---

 菠菜200克，杏仁、玉米粒、松子各50克

 盐3克，味精1克，醋8克，生抽10克，香油适量

# 宝塔菠菜

 ①菠菜洗净，切段，放入沸水中焯熟；杏仁、玉米粒、松子洗净，入沸水中焯熟，捞起沥干备用。
②将菠菜、杏仁、玉米粒、松子放入碗中，加入盐、味精、醋、生抽、香油拌匀。
③再倒扣于盘中即可。

---

# 口口香菠菜

 菠菜200克，瓜子仁、熟花生米各50克，西红柿少许

 盐3克，味精1克，醋6克，生抽10克

 ①菠菜洗净，切段；西红柿洗净，切片。
②锅入水烧沸，放入菠菜段焯熟，捞起沥干并装入碗中，再放入瓜子仁、熟花生米。
③加入盐、味精、醋、生抽拌匀后，倒扣于盘中，用西红柿片装饰即可。

水发淡菜70克，菠菜300克，彩椒40克，香菜25克，姜丝、蒜末各少许

 盐，鸡粉各4克，料酒5克，生抽5克，香油2克，食用油适量

 ①菠菜洗净切成段；彩椒洗净切开，去籽，改切成丝；香菜洗净切成段。
②锅中注水烧开，调入食用油、盐、鸡粉，倒入洗好的淡菜，淋入料酒，焯水后捞出。
③将菠菜、彩椒放入沸水中，焯水捞出，与淡菜一同装碗，放入姜丝、蒜末、香菜段。
④加盐、鸡粉、生抽、香油，拌匀即可。

## 淡菜拌菠菜

## 素鸡炒菠菜

 素鸡120克，菠菜100克，红椒40克，姜片、蒜末、葱段各少许

 盐、鸡粉、料酒、水淀粉、食用油各适量

 ①素鸡洗净切成片；红椒洗净切成圈；菠菜洗净切成段。
②热锅注油烧热，放入素鸡片，炸香后捞出。
③锅留油，爆香姜片、蒜末、葱段，倒入菠菜段，炒至熟软，放入素鸡片、红椒圈，拌炒匀。
④加入适量料酒、盐、鸡粉，炒匀调味，倒入适量水淀粉勾芡即可。

 蒜苗50克，菠菜、口蘑各100克，洋葱40克，姜片、蒜末、葱段各少许

 盐、鸡粉各2克，料酒10克，生抽、水淀粉、食用油各适量

 ①蒜苗洗净切段；口蘑洗净切片；菠菜洗净取菜叶；洋葱洗净，切成块。
②锅入水烧开，下菠菜叶烫软捞出摆盘；把口蘑倒入沸水锅中，焯熟，捞出。
③起油锅，炒香姜片、蒜末、葱段、蒜苗段、洋葱块、口蘑片，加所有调料炒匀，倒入蒜苗叶，调入水淀粉炒匀即可。

## 蒜香口蘑菠菜

芹菜

## 健脑益智功效

芹菜富含碳水化合物、蛋白质、脂肪、维生素及矿物质等营养元素，其中磷和钙的含量较高。

碳水化合物在体内分解为葡萄糖后，成为脑的重要能源。如果缺乏碳水化合物，脑的生长发育便会迟滞或停止，严重影响智力和记忆力。

芹菜富含铁元素，儿童和女性经常食用芹菜对预防缺铁性贫血的症状十分有利。老年人经常食用芹菜还可防治骨质疏松症。总之，丰富饮食结构，经常适量食用芹菜对于人们改善记忆、健脑益智、补血、防癌抗癌等病症十分有益。

## 食用注意

☞芹菜有降血压的作用，因此血压低者不宜食用芹菜。

☞食用芹菜后，不宜立即饮用菊花茶。

☞脾胃虚寒者慎食。

# 芹菜炒牛肉丝

**原料** 芹菜150克，牛肉120克，姜丝、蛋液、红椒丝各适量

**调料** 酱油、胡椒粉、盐、香油各、水淀粉、食用油各适量

**做法** ①芹菜去叶洗净，切段；牛肉洗净切丝，加酱油、水淀粉、蛋液调匀。

②锅入油加热，爆香姜丝，放入红辣椒丝、芹菜段翻炒，加入牛肉丝炒至熟。

③加盐、胡椒粉、香油调味，用水淀粉勾芡，炒匀即可。

# 金针菇拌芹菜

 **原料** 金针菇100克，胡萝卜90克，芹菜50克，蒜末少许

 **调料** 盐2克，白糖2克，生抽6克，陈醋12克，香油适量

 **做法**
①金针菇洗净，去根；胡萝卜洗净去皮，切成丝；芹菜洗净切成段，备用。
②锅中注水烧开，放入胡萝卜丝、芹菜、金针菇，煮至食材熟软后捞出沥水，装碗，撒上蒜末，加少许盐、白糖、生抽、陈醋、香油，快速搅拌至食材入味即可。

# 杏仁芹菜拌茼蒿

 **原料** 茼蒿300克，芹菜50克，彩椒40克，巴旦木仁35克，香菜15克，蒜末少许

 **调料** 盐3克，鸡粉2克，生抽4克，陈醋8克，香油、食用油各适量

 **做法**
①芹菜洗净切成段；彩椒洗净切成丝；香菜洗净切成段；茼蒿洗净，切成段。
②锅入水烧开，调入食用油、盐，倒入茼蒿、芹菜段、彩椒丝焯熟，捞出装碗，放入蒜末、鸡粉、盐、生抽、陈醋、香油、香菜，拌至食材入味。
③盛出装盘，撒上巴旦木仁即成。

## 健脑益智功效

西红柿营养丰富，每100克西红柿含水分94.4克，蛋白质0.9克，脂肪0.2克，食物纤维0.5克，碳水化合物3.54克。除此之外，还含有胡萝卜素、维生素$B_1$、维生素$B_2$、维生素C、维生素P和钙、磷、铁等矿物质元素。各项研究表明，西红柿中富含的多种维生素特别是维生素$B_1$有利于大脑发育，能缓解脑细胞疲劳，对于维护脑功能的正常活动有着良好作用。

西红柿适宜大多数人群食用，经常食用西红柿可促进大脑发育、缓解疲劳、开胃消食、美容养颜、益智。

## 食用注意

☞不宜过多食用未成熟的西红柿，否则易导致中毒。

☞不宜空腹食用大量西红柿，因为西红柿含有较多的胶质、果质、柿胶酚等，易与胃酸结合生成块状结石，导致胃胀痛。

☞患有急性胃肠炎、急性细菌性痢疾的病人不宜吃西红柿。

# 西红柿炒鸡蛋

**原料** 西红柿150克，鸡蛋2个，葱花少许

**调料** 盐3克，酱油、香油、食用油各适量

**做法** ①西红柿洗净，切成小块；鸡蛋磕入碗中，加盐搅打均匀。

②热锅入油，放入鸡蛋炒至金黄色盛出。

③锅内留油，放入西红柿块炒香，加入鸡蛋炒匀，再调入盐、酱油、香油，炒至入味、装盘、撒上葱花即可。

## 西红柿炒包菜

**原料** 西红柿120克,包菜200克,青椒60克,蒜末4克

**调料** 番茄酱10克,盐4克,鸡粉、白糖各2克,食用油适量

**做法** ① 洗好的青椒切小块;洗好的西红柿切瓣;洗好的包菜切小块。
②锅入水烧开,加食用油、盐,放入包菜焯熟,捞起沥干,备用。
③用油起锅,爆香蒜末,放入西红柿瓣、青椒块,炒匀,加入包菜块,翻炒至熟。
④调入番茄酱、盐、鸡粉、白糖,快速翻炒匀即可。

## 西红柿烩牛肉

**原料** 牛肉250克,土豆、西红柿各100克

**调料** 盐、葱花、姜丝、料酒、胡椒粉、食用油各适量

**做法** ①牛肉洗净,入沸水氽烫,去除杂质和血水,切块;西红柿洗净后切成滚刀块,备用;土豆洗净去皮,切块。
②油锅烧热,放入葱花、姜丝煸香,倒入西红柿块、土豆块炒5分钟,倒入牛肉块、料酒,加盖烧开,小火煮30分钟。调入盐、胡椒粉,拌匀煮熟,盛盘,撒上葱花即可。

# 凉拌西红柿

 **原料** 西红柿300克

 **调料** 沙拉酱适量

 **做法** ①将西红柿洗净，去蒂，对半切开，改切成半月形片状，放入盘中，摆好。
②往盘子边上挤适量沙拉酱，蘸食即可。

---

# 西红柿烩花菜

 **原料** 西红柿100克，花菜140克，葱段少许

 **调料** 盐4克，鸡粉2克，番茄酱10克，水淀粉5克，食用油少许

 **做法** ①花菜洗净切块；西红柿洗净切块。
②锅入水烧开，加入少许盐、食用油，倒入花菜，煮熟，捞出，沥水备用。
③起油锅，倒入西红柿、花菜，炒匀，加适量清水，调入盐、鸡粉、番茄酱，炒匀。
④大火收汁，用水淀粉勾芡，放入葱段，快速翻炒均匀即可。

---

# 西红柿炒洋葱

 **原料** 西红柿100克，洋葱40克，蒜末、葱段各少许

 **调料** 盐2克，鸡粉、水淀粉、食用油各适量

**做法** ①西红柿、洋葱均洗净切片。
②起油锅，爆香蒜末，放入洋葱片、西红柿片翻炒，加适量盐、鸡粉，快速翻炒一会儿，至食材熟软、入味。
③用水淀粉勾芡，撒上葱段即可。

## 西红柿炒扁豆

 **原料** 西红柿90克，扁豆100克，蒜末、葱段各少许

 **调料** 盐、鸡粉各2克，料酒4克，水淀粉、食用油各适量

 **做法**
①西红柿洗净，切成小块。
②锅中注水烧开，加食用油、盐，倒入择洗干净的扁豆，煮至断生后捞出。
③起油锅，爆香蒜末、葱段，倒入西红柿块翻炒，再放入扁豆炒熟，淋入少许料酒、清水，炒匀，调入盐、鸡粉，大火收汁。
④倒入适量水淀粉炒匀，盛出装盘即成。

## 西红柿烩竹笙

**原料** 西红柿3个，洋葱1个，竹笙、玉米笋、韭菜花、松仁各适量

**调料** 味精、盐、糖、鸡精各2克，水淀粉5克

**做法**
①将西红柿和洋葱洗净，切块；韭菜花、玉米笋洗净切段；竹笙泡发。
②将西红柿块、洋葱块焯熟后摆入碟内成荷花状，再将玉米笋、韭菜花、竹笙炒熟后摆放在碟中间，松仁洗净炸香后摆在竹笙上。
③锅入清水煮沸，加入所有调味料，勾成芡汁淋入碟中即可。

## 火山降雪

 **原料** 西红柿250克

 **调料** 白糖50克

**做法**
①将西红柿洗净，去蒂，对半切开，改切成片。
②取一个干净的盘子，将切好的西红柿片摆入盘中，堆成山形。
③撒上适量白糖即可。

## 健脑益智功效

山药富含人体必需的多种氨基酸、矿物质元素。氨基酸是蛋白质的主要成分，而蛋白质是脑细胞的主要成分之一，占脑重的30%～35%。脑中蛋白质的功能是控制脑神经细胞的兴奋与抑制，主宰脑的智能活动，帮助记忆与思考，在语言、运动、神经传导等方面也起着重要作用。矿物质元素是构成人体组织和维持正常生理功能所必需的元素，特别是对于学生而言，矿物质元素摄取不足会导致他们的智力和记忆力下降。中医认为，经常食用山药可强身、健脑益智。

## 食用注意

☞山药削皮后不宜暴露于空气中，这样烹饪出来的菜肴观感和口感都不佳。

☞山药有收涩的作用，故大便燥结者不宜食用。

# 香菇烧山药

 **原料** 山药150克，香菇、板栗、小白菜各50克

 **调料** 盐、水淀粉、味精、食用油各适量

 **做法** ①山药洗净去皮，切成块；香菇洗净；板栗去壳洗净；小白菜洗净。
②板栗入开水中煮熟，捞出。
③小白菜入开水中烫熟，捞出，放在盘中摆放好备用。
④热锅下油，放入山药块、香菇、板栗爆炒至熟，调入盐、味精，用水淀粉收汁，装盘即可。

# 山药炒核桃仁

 **原料**　山药90克，水发木耳、西芹、彩椒、炸香核桃仁各40克，白芝麻少许

 **调料**　白糖10克，生抽、水淀粉、盐、食用油各适量

**做法**　①将所有食材洗净；山药去皮切片；木耳、彩椒、西芹均切块。

②锅入水烧开，加盐、食用油，将①中食材焯水，捞出。

③锅留油，加白糖、炸香核桃仁，翻炒，盛出，撒上白芝麻，拌匀。

④起油锅，倒入焯水食材，加所有调料炒匀，装盘，放上拌好的核桃仁即可。

# 山药肚片

 **原料**　山药300克，熟猪肚200克，青椒、红椒各40克，姜片、蒜末、葱段各少许

 **调料**　盐、鸡粉各2克，料酒、生抽各5克，水淀粉、食用油适量

**做法**　①洗净去皮的山药切片；洗好的青椒、红椒去籽，切块；猪肚切片。

②锅注水烧开，加入食用油、山药片、青椒片、红椒片焯煮熟。

③起油锅，爆香姜片、蒜末、葱段，倒入焯过水的食材炒透，放入猪肚、料酒、生抽、盐、鸡粉炒匀，加水淀粉勾芡即成。

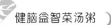

# 蜜汁红枣山药

**原料** 红枣、干百合各15克，山药150克，香菜叶少许

**调料** 蜂蜜15克

**做法** ①将去皮洗净的山药切成丁，备用；红枣、干百合分别洗净。
②把所有食材装入碗中，加入蜂蜜，拌匀，再装入盘中。
③把盘子放入烧开的蒸锅中，加盖，中火蒸15分钟至材料熟透，盛盘，放上香菜叶装饰即可。

---

**原料** 山药180克，水发木耳、香菜各40克，彩椒50克，姜片、蒜末各少许

**调料** 盐3克，鸡粉2克，料酒、蚝油各10克，食用油适量

**做法** ①彩椒洗净切块；择洗好的香菜切段；山药去皮洗净切块；木耳切块。
②锅注水烧开，放盐、食用油、木耳煮沸，再放山药、彩椒略煮，捞出备用。
③用油起锅，放入姜片、蒜末炒香，倒入焯煮好的食材炒匀，加入料酒、盐、鸡粉、蚝油炒均匀，放入香菜炒至断生即可。

# 市耳炒山药片

---

# 冰脆山药

**原料** 山药280克

**调料** 盐1克，白醋适量

**做法** ①山药洗净去皮切片；碗中加水、白醋，将山药片放入碗中浸泡。
②锅中注水烧热，加入盐、山药片余烫至断生后捞出，入冰水中放凉。
③将山药片捞出摆盘即可。

## 橙汁山药

 **原料** 山药260克，橙汁120克

 **调料** 白糖5克，柠檬汁、醋、盐各适量

 **做法** ①山药洗净去皮用醋浸泡；汤锅中烧开水加入少许盐，放入山药稍烫，放凉。
②取一个密封的容器，加入白糖、柠檬汁，倒入橙汁搅拌至糖融化。
③将山药放入调好的橙汁中，封闭容器，放入冰箱里冷藏至入味即可。

## 山药炒皮蛋

 **原料** 山药350克，皮蛋1个

 **调料** 姜末、葱花、红椒丝各5克，味精1克，盐3克，食用油适量

 **做法** ①山药去皮洗净，切成小丁，入锅蒸熟。
②皮蛋去壳，洗净，切成小丁，放在盘中。
③锅中加油烧热，用葱花、姜末炝锅，再加入山药丁、皮蛋丁、盐翻炒几下，最后加入味精炒匀即可盛入盘中，撒上红椒丝、葱花即可。

 **原料** 山药170克，白果30克，熏肉50克，彩椒适量

 **调料** 盐1克，鸡精、食用油各适量

**做法** ①山药洗净去皮，切条，入热盐水氽烫备用；白果洗净煮熟，去壳；熏肉用清水浸泡后洗净，切成条；彩椒洗净切条。
②锅入油烧热，加入熏肉条翻炒出香味，加入山药条、白果、彩椒条一同翻炒至断生。
③加入盐、鸡精调味，炒匀装盘即可。

## 小炒山药

胡萝卜

## 健脑益智功效

　　胡萝卜富含胡萝卜素、维生素B$_1$、维生素B$_2$、钙、铁、磷等营养成分，是一种营养美味的滋补佳品。各项研究显示，维生素B$_1$、维生素B$_2$对大脑的发育有较大的影响，如果摄取不足，会减缓智力的发育以及在一定程度上导致记忆力的下降。充足的钙质可抑制脑细胞的异常兴奋，使人保持镇静；如果人体缺钙、铁、磷等成分，会影响大脑的结构和完整性，损害脑细胞。每天食用一点胡萝卜，不仅能改善记忆、益智，还能补肝明目。

## 食用注意

　　☞胡萝卜和富含维生素C的食物同食，会降低营养。

　　☞不要食用切碎后水洗或久浸泡于水中的萝卜。

　　☞禁忌生食，类萝卜素因没有脂肪而很难被吸收，从而造成浪费。

## 清凉三丝

**原料** 芹菜丝、胡萝卜丝、大葱丝、胡萝卜片、香菜叶各适量

**调料** 盐、味精各3克，香油适量

**做法** ①将芹菜丝、胡萝卜丝、大葱丝、胡萝卜片分别入沸水锅中焯熟，捞出。

②将胡萝卜片摆在盘底，其他材料摆在胡萝卜片上，调入盐、味精拌匀。

③淋上香油，撒上香菜叶即可。

# 胡萝卜烧豆腐

 胡萝卜85克，豆腐200克，蒜末、葱花各少许

 盐3克，鸡粉2克，生抽、水淀粉、老抽、食用油各适量

 ①豆腐洗净切块；洗净去皮的胡萝卜切细丝。

②锅注水烧开，加盐、豆腐略煮，再放入胡萝卜丝煮约半分钟，捞出。

③用油起锅，放入蒜末爆香，倒入豆腐块和胡萝卜丝炒匀，加水、盐、鸡粉、生抽调味。

④倒入老抽煮1分钟，加水淀粉勾芡装盘，撒上葱花即成。

# 荷兰豆炒胡萝卜

 荷兰豆100克，胡萝卜120克，黄豆芽80克，蒜末、葱段各少许

 盐、鸡粉各2克，料酒10克，水淀粉、食用油各适量

 ①胡萝卜洗净去皮切片；黄豆芽洗净。

②锅注水烧开，加盐、食用油、胡萝卜片、黄豆芽略煮，倒入择洗净的荷兰豆煮1分钟捞出。

③用油起锅，放入蒜末、葱段爆香，倒入焯水的食材、料酒、鸡粉、盐炒匀。

④淋入水淀粉勾芡即可。

## 胡萝卜炒香菇

 **原料** 胡萝卜180克，鲜香菇50克，蒜末、葱段各少许

 **调料** 盐3克，鸡粉2克，生抽4克，水淀粉5克，食用油适量

 **做法** ①洗净去皮的胡萝卜切片；洗好的鲜香菇斜切成片。

②锅注水烧开，加盐、食用油、胡萝卜片拌煮约半分钟，再放鲜香菇片煮约1分钟捞出。

③用油起锅，放入蒜末爆香，倒入胡萝卜片和鲜香菇片炒匀，加生抽、盐、鸡粉调味。

④加水淀粉勾芡，撒上葱段炒熟即成。

---

## 胡萝卜炒木耳

 **原料** 胡萝卜100克，水发木耳70克，葱段、蒜末各少许

 **调料** 盐3克，鸡粉4克，蚝油10克，料酒5克，水淀粉7克，食用油适量

 **做法** ①木耳洗净切块；胡萝卜洗净切片。

②锅注水烧开，加盐、鸡粉、木耳块、食用油略煮，放入胡萝卜片煮约半分钟捞出。

③起油锅，爆香蒜末，倒入木耳块和胡萝卜片炒匀，加入料酒、蚝油炒至食材八成熟。

④加盐、鸡粉炒匀，加水淀粉勾芡，撒上葱段炒熟即成。

---

## 胡萝卜炒杏鲍菇

 **原料** 胡萝卜90克，杏鲍菇100克，彩椒60克，蒜末、葱段各少许

 **调料** 盐3克，鸡粉2克，料酒10克，生抽4克，水淀粉4克，食用油适量

**做法** ①洗净的彩椒切小块；洗净去皮的胡萝卜切片；洗好的杏鲍菇切片。

②锅注水烧开，放食用油、盐、杏鲍菇片略煮，加彩椒块、胡萝卜片煮1分钟捞出。

③油烧热，爆香蒜末、葱段，倒入焯好的食材炒匀，加所有调料调味，用水淀粉勾芡即可。

# 凉拌胡萝卜

 **原料** 胡萝卜1个，香菜3克

 **调料** 熟芝麻5克，姜末、蒜末各4克，辣椒油、食用油各10克，盐2克，葱花适量

 **做法**
①香菜洗净；胡萝卜去皮洗净切丝。
②锅中注入适量水烧开，加少许盐、食用油，放入胡萝卜丝焯水至熟，捞出摆盘，撒上葱花、香菜。
③油烧热，放入姜末、蒜末爆香，盛入碗里，调入盐、熟芝麻、辣椒油拌匀，淋在胡萝卜丝上，拌匀即可食用。

# 胡萝卜拌鱼皮

 **原料** 胡萝卜150克，鱼皮丝40克，香菜适量

 **调料** 盐、辣椒油、香油、鸡精、醋、酱油各适量

 **做法**
①胡萝卜洗净，去皮切丝；鱼皮丝入热盐水中烫熟去腥；香菜洗净切成段。
②取一个碗，加入辣椒油、香油、盐、鸡精、醋、酱油，调成酱汁。
③将酱汁淋入胡萝卜丝、鱼皮、香菜中，拌匀即可。

# 西瓜皮拌胡萝卜

 **原料** 西瓜皮、胡萝卜各200克，熟白芝麻、蒜末各少许

 **调料** 盐2克，白糖4克，陈醋8克，食用油少许

 **做法**
①胡萝卜洗净去皮切成丝；洗好的西瓜皮切成丝。
②锅中注水烧开，倒入适量食用油，放入胡萝卜丝，略煮片刻，加入西瓜皮丝，焯水，捞出，沥干水分，放入碗中，加入蒜末。
③放入适量盐、白糖，淋入陈醋，用筷子拌匀调味，盛出食材，撒上白芝装盘即可。

红薯

## 健脑益智功效

　　红薯又名番薯，是一种物美价廉的大众食品，有着"长寿食品"的美誉。各项研究发现，红薯富含碳水化合物、膳食纤维、生物类黄酮、维生素C、胡萝卜素、钾等成分。大脑的正常活动需要葡萄糖来提供能量，而通过食用红薯则可以摄入大量碳水化合物，这些碳水化合物进入人体后会转化成葡萄糖，进而为大脑"充电"。如果脑部葡萄糖长期供应不足，人就会出现疲惫、记忆力下降、头晕甚至智力衰退等症状。

　　红薯还是低脂肪低热能的食物，同时能有效地阻止糖类变为脂肪，有利于减肥健美、通便排毒、改善亚健康。

## 食用注意

☞发霉的红薯含酮毒素，不可食用。

☞最好不要将红薯与鸡蛋一同烹饪。

☞湿阻脾胃、气滞食积者应慎食红薯。

# 红薯烧南瓜

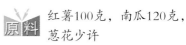
**原料** 红薯100克，南瓜120克，葱花少许

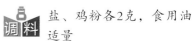
**调料** 盐、鸡粉各2克，食用油适量

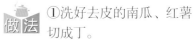
**做法** ①洗好去皮的南瓜、红薯切成丁。

②锅中注油烧热，倒入红薯丁、南瓜丁翻炒匀，加入清水。

③盖上盖，用小火焖10分钟后揭盖，放入适量盐、鸡粉调味。

④用大火收汁，装盘，撒上葱花即可。

# 姜丝红薯

 **原料** 红薯130克，生姜30克

 **调料** 盐、鸡粉各2克，食用油适量

 **做法** ①红薯去皮洗净，切丝；生姜洗净，切丝。
②锅中倒入适量清水烧开，加盐、食用油，放入红薯丝煮约1分钟捞出，沥干水分。
③用油起锅，放入生姜丝炒香，倒入红薯丝炒片刻。
④加入盐、鸡粉翻炒入味即成。

# 素炒红薯丝

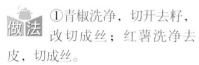

 **原料** 红薯500克，青椒20克，蒜末、葱白各少许

 **调料** 盐、鸡粉、生抽各3克，水淀粉10克，食用油适量

**做法** ①青椒洗净，切开去籽，改切成丝；红薯洗净去皮，切成丝。
②锅加水烧开，加入少许盐，倒入红薯丝，略煮，倒入青椒丝，大火煮沸，捞出食材，沥水装盘。
③起油锅，爆香蒜末、葱白，倒入红薯丝、青椒丝，炒至断生。
④加入生抽、盐、鸡粉，炒匀入味，调入适量水淀粉勾芡即可。

莲藕

## 健脑益智功效

　　莲藕的营养价值很高，富含铁、钙等微量元素以及维生素K、维生素C和蛋白质等成分。摄入充足的铁质，有助于促进人体的造血功能，只有在保证血液充足的前提下，人体才能进行正常的生理活动。而丰富的钙质在维持人体循环、呼吸、神经、内分泌、消化、血液、肌肉、骨骼、泌尿、免疫等各系统正常生理功能中起重要调节作用。蛋白质则是脑细胞的重要组成成分，对于维护大脑正常功能有着不可替代的作用。经常食用莲藕，对于儿童智力的发育以及老年人记忆力的改善有着积极的促进作用。

## 食用注意

☞如果莲藕外皮发黑、有异味，则不宜食用。

☞莲藕不宜与人参一同烹饪。

☞溃疡、胀气者宜少食。

## 橙汁藕片

 **原料** 莲藕180克，橙汁150克

 **调料** 白糖5克，柠檬汁、盐、香菜叶各适量

**做法** ①莲藕洗净去皮，切片后用清水浸泡；锅中烧开水加入少许盐，放入藕片焯烫后过凉。

②取一个密封的容器，加入白糖、盐、柠檬、橙汁搅拌至白糖溶化。

③将藕片放入调好的橙汁中，封闭容器，放入冰箱里冷藏至入味，取出装盘，放上香菜叶装饰即可。

# 素炒三蔬

原料 莲藕200克，小白菜、黑木耳各100克，红椒、蒜各50克

调料 盐、味精、生抽、食用油各适量

做法 ①莲藕洗净去皮，切片；小白菜、红椒洗净，切块；黑木耳洗净，撕小片；蒜洗净，拍碎。
②热锅下油，放入适量蒜碎，爆香，加入莲藕片、小白菜块、黑木耳片、红椒块翻炒至熟。
③加入盐、味精、生抽，炒匀即可起锅。

# 糖醋藕片

原料 莲藕350克，葱花少许

调料 白糖20克，盐2克，白醋、番茄汁、食用油各适量

做法 ①莲藕去皮洗净，切成薄片，备用。
②锅中注水烧开，倒入适量白醋，放入藕片，焯煮2分钟至其八成熟，捞出，备用。
③用油起锅，注入少许清水，放入白糖、盐、白醋，再加入番茄汁，拌匀，煮至白糖溶化。
④放入焯好的藕片，拌炒均匀，大火收汁后盛出装盘，撒上葱花即可。

# 白玉菇藕片

 **原料** 白玉菇100克，莲藕90克，彩椒80克，姜片、蒜末、葱段各少许

 **调料** 盐3克，鸡粉2克，料酒、生抽、白醋、食用油各适量

 **做法** ①白玉菇洗净去根，切段；彩椒洗净切小块；莲藕洗净去皮切片。

②锅注水烧开，加入食用油、盐、白玉菇段、彩椒块、莲藕片，焯水捞出。

③起油锅，爆香姜片、蒜末、葱段，倒入白玉菇段和彩椒块、莲藕片、料酒、生抽，拌炒熟。

④调入盐、鸡粉炒匀即可。

---

# 糖醋菠萝藕丁

 **原料** 莲藕100克，菠萝肉150克，豌豆30克，枸杞、蒜末、葱花各少许

 **调料** 盐、白糖、番茄酱、食用油各适量

 **做法** ①菠萝肉切丁；莲藕洗净去皮切丁。

②水烧开，加入食用油、藕丁、盐、洗净的豌豆、菠萝丁煮至断生，将焯好水的食材捞出，沥水备用。

③起油锅，爆香蒜末，倒入焯过水的食材。

④加入适量白糖、盐、番茄酱，炒至入味，撒入备好的枸杞、葱花，炒出葱香味即可。

---

# 麻醋藕片

 **原料** 莲藕2节

 **调料** 熟白芝麻8克，白醋半碗，果糖6克，盐适量

**做法** ①莲藕削皮、洗净、切薄片，浸于薄盐水中。

②将藕片入沸水焯烫，并加入几滴白醋同煮，烫熟后捞起，用冷水冲凉，沥干。

③加白醋、果糖拌匀，撒上熟白芝麻即成。

## 桂香藕片

 原料 莲藕500克，糯米250克，红枣50克

 调料 红糖50克，白糖、桂花蜂蜜各30克

 做法 ①将红枣和糯米洗净，糯米用温水浸泡1小时，沥干。

②莲藕去皮洗净，从中间切成两段，将糯米填入莲藕内，压紧后放入锅中，加红枣、红糖和清水煮30分钟，捞出晾凉切片，将桂花蜂蜜和少量原汁拌匀，浇在藕片上，撒入白糖，放上装饰即可。

## 炝拌莲藕

原料 莲藕400克，彩椒50克

 调料 盐4克，白糖20克，干辣椒10克，香油适量

 做法 ①莲藕洗净，去皮，切薄片；彩椒洗净，斜切圈备用。

②将准备好的原材料放入开水中稍烫，捞出，沥干水分，放入容器中。

③在莲藕片上放盐、白糖、干辣椒；香油烧热后，倒在莲藕上，搅拌均匀，装盘即可。

原料 莲藕150克

## 香辣藕条

 调料 干红椒25克，水淀粉35克，盐、味精、老抽、香菜、食用油各适量

 做法 ①莲藕去皮洗净，切成条，放入开水中烫熟，裹上水淀粉；干红椒洗净切段；香菜洗净。

②炒入油烧热，放入干红椒段炒香后，捞起备用，放入莲藕段炸香，加盐、老抽翻炒，再加入味精调味后，起锅装盘，撒上干红椒椒、香菜即可。

南瓜

## 健脑益智功效

南瓜富含淀粉、蛋白质、胡萝卜素、B族维生素、维生素C和钙、磷等成分，是一种极为常见的食物。大脑一旦缺乏蛋白质，大脑皮层的兴奋和抑制过程便会减弱，进而导致智力受损。而南瓜所含的营养物质易被人体吸收，其含有优质蛋白质，可以有效地促进大脑的正常发育，而丰富的淀粉成分，可补充人脑正常生理活动所必需的能源。其他营养成分，比如多种维生素和矿物质等成分，对于促进大脑神经的发育有着积极的影响。

## 食用注意

☞南瓜不能与羊肉一同烹饪。
☞南瓜不宜食用过多，否则会影响皮肤的健康。
☞患有脚气、黄疸、气滞湿阻病者忌食。

## 🅖 红枣蒸南瓜

 原料 南瓜500克，红枣10粒

 调料 白糖10克

 做法 ①将南瓜洗净去皮、去瓤后切成薄厚均匀的片；红枣泡发洗净备用。
②将南瓜片装入盘中，加入白糖拌匀，摆上红枣。
③蒸锅上火，放入备好的南瓜，大火蒸约30分钟，至南瓜熟烂即可出锅。

# 蜂蜜蒸南瓜

**原料** 南瓜400克，鲜百合、红枣、葡萄干各20克

**调料** 蜂蜜45克

**做法** ①红枣洗净去核，切块；南瓜去皮洗净，切块。
②取一个干净的蒸盘，放上南瓜块，摆盘，再放入洗净的百合，撒上切好的红枣块，最后点缀上洗净的葡萄干。
③蒸锅上火烧开，放入蒸盘，盖上盖，用大火蒸约10分钟，至食材熟透，取出。
④浇上蜂蜜即成。

# 南瓜蒸排骨

**原料** 南瓜200克，猪排骨300克，豆豉50克，红椒适量

**调料** 盐、老抽、料酒、葱末、姜末、蒜末、食用油各适量

**做法** ①猪排骨洗净，剁成块，余水；豆豉入油锅炒香；红椒洗净切丝；南瓜洗净去皮，切大块摆放在碗中备用。
②将盐、老抽、料酒调成汤汁，放入豆豉、排骨拌匀，放入摆有南瓜的碗中。
③将碗放蒸锅内蒸30分钟，取出撒上葱末、姜末、蒜末、红椒丝即可。

## 凉拌南瓜丝

**原料** 南瓜250克

**调料** 盐3克，白醋4克，香油5克，白糖10克

**做法** ①南瓜去皮、瓢，洗净后切成细丝。
②锅入水烧开，将南瓜丝倒入沸水中煮熟过凉。
③将白糖、白醋、盐、香油放在小碗内调和成汁，把南瓜丝装入大碗中，倒入调和汁拌匀，放上装饰即可。

## 南瓜百合

**原料** 南瓜250克，百合150克

**调料** 白糖20克，蜜汁5克

**做法** ①南瓜去皮、瓢，洗净，切菱形块，备用。
②百合洗净，用白糖拌匀，与南瓜块一起装盘，放入蒸锅蒸熟。
③取出，淋入蜜汁即可。

## 南瓜土豆肉泥

**原料** 南瓜、土豆各300克，肉末120克，葱花少许

**调料** 料酒8克，生抽5克，盐4克，鸡粉2克，香油3克，食用油适量

**做法** ①将南瓜、土豆洗净去皮切成片。
②锅注油烧热，倒入肉末炒至变色，加料酒、生抽、盐、鸡粉炒匀调味。
③把土豆片和南瓜片放入烧开的蒸锅中，中火蒸约15分钟取出，压成泥状。
④将土豆泥和南瓜泥装碗，放入炒好的肉末、葱花、盐、香油搅拌均匀即可。

# 蒜香蒸南瓜

原料 南瓜400克，蒜末25克

调料 盐、鸡粉、生抽、香油各2克，香菜段、葱花、食用油各少许

做法 ①南瓜洗净去皮切厚片，装盘摆好。
②把蒜末装入碗中，放盐、鸡粉、生抽、食用油、香油拌匀，浇在南瓜片上。
③把处理好的南瓜片放入烧开的蒸锅中，用大火蒸8分钟取出。
④撒上葱花，放上香菜段点缀，浇上少许热油即可。

# 南瓜炒虾米

原料 南瓜200克，虾米20克，鸡蛋2个

调料 盐3克，生抽2克，鸡粉适量，姜片、葱花、食用油各少许

做法 ①洗净去皮的南瓜切成片；鸡蛋磕开加盐打散，入油锅炒熟；虾米洗净。
②锅注水烧开，加盐、食用油、南瓜煮半分钟，捞出。
③锅注油烧热，放入姜片爆香，加入虾米炒香，倒入南瓜片、盐、鸡粉、生抽炒匀。
④倒入鸡蛋炒匀装盘，撒上葱花即可。

# 土豆炖南瓜

原料 南瓜300克，土豆200克，蒜末、葱花各少许

调料 香油、盐、鸡粉各2克，蚝油10克，水淀粉5克，食用油适量

做法 ①土豆洗净去皮切丁；洗好去皮、瓤的南瓜切成小块。
②用油起锅，放入蒜末爆香，放入土豆丁、南瓜块炒匀，加适量清水。
③调入盐、鸡粉、蚝油炒匀，小火焖煮至食材熟软，大火收汁，用水淀粉勾芡。
④淋入少许香油，盛出，撒上葱花即成。

香蕉

## 健脑益智功效

　　香蕉的营养非常丰富，富含碳水化合物、蛋白质、脂肪、膳食纤维、磷、钙、铁、镁、胡萝卜素、维生素$B_1$、烟酸、维生素C、维生素E及丰富的微量元素钾等成分，有润肠通便、健脑益智、美容的功效。香蕉中的糖分被人体吸收后可以快速转化成葡萄糖，能迅速补充大脑和机体所需的能量。其富含的镁元素还有消除疲劳的作用。此外，常食香蕉不仅有补益大脑、预防神经疲劳的功效，还有润肺止咳、改善失眠、减肥的作用。

## 食用注意

☞香蕉不宜与酸牛奶一同食用。

☞油炸香蕉类食物宜少食。

☞体质偏于虚寒者最好少食香蕉。

## 香蕉鸡蛋羹

**原料** 香蕉1根，鲜玉米粒60克，鸡蛋1个

**调料** 白糖15克，水淀粉适量

**做法**
①将香蕉去皮切片；玉米粒洗净切碎；鸡蛋打入碗内，快速搅散。
②锅中注水烧开，倒入玉米粒碎，用汤勺搅散，大火煮至熟。
③加入白糖，用汤勺顺着一个方向搅拌均匀，缓缓地浇入水淀粉，搅拌勾芡。
④倒入切好的香蕉片，用汤勺拌匀，倒入蛋液拌匀，小火煮沸，盛出即可。

# 拔丝香蕉

 原料　香蕉200克，面粉140克，鸡蛋1个

 调料　水淀粉、吉士粉、白芝麻、白糖、食用油各适量

做法　①香蕉去皮，切段，装盘备用；面粉中加入水淀粉、吉士粉、鸡蛋、清水搅成面糊，倒入食用油拌匀。
②香蕉裹上面糊，放入油锅小火炸约2分钟。
③锅留底油，加水、白糖用慢火顺时针搅拌。
④待糖汁中的气泡变小且微浅红色时，倒入香蕉拌炒匀盛出，撒上白芝麻即成。

# 吉利香蕉虾枣

 原料　虾胶100克，香蕉1根，鸡蛋1个，面包糠200克

 调料　生粉、食用油各适量

做法　①鸡蛋取出蛋黄，放在碗中，打散；香蕉去皮，切成小段，蘸上少许生粉。
②将虾胶挤成小虾丸，裹上适量生粉，放在盘中。
③把香蕉果肉，塞入小虾丸中，再逐一滚上蛋黄、面包糠，搓成红枣状，制成虾枣生坯。
④热锅注油烧热，放入虾枣生坯，小火炸至生坯熟透，捞出，盛盘，放上装饰即成。

苹果

## 健脑益智功效

　　中医学认为苹果具有健脑益智、生津止渴、润肺除烦、养心益气、润肠、止泻、解暑、醒酒等功效。苹果含丰富的果糖、葡萄糖、蔗糖以及微量元素锌、钙、铁、钾、磷及维生素$B_1$、维生素$B_2$、维生素C和胡萝卜素等营养成分。苹果富含锌元素，它是构成与记忆力息息相关的核酸与蛋白质的必不可少的元素，而缺锌可使大脑皮质边缘部海马区发育不良，进而导致儿童的记忆力和学习能力下降。此外，常食苹果还能改善儿童挑食、厌食的症状。

## 食用注意

☞苹果不宜与沙丁鱼一起食用，否则易引起身体不适。

☞不宜过量食用油炸的苹果类食物。

☞肾炎和糖尿病患者不宜多食。

# 熘苹果

 原料　苹果1个，蛋液85克，熟芝麻少许

 调料　白糖6克，水淀粉10克，水淀粉、食用油各适量

 做法　①蛋液撒上水淀粉制成蛋糊；洗净的苹果去核、皮切片，用蛋糊上浆，放入水淀粉腌渍片刻。

②热锅注油烧热，放苹果片，炸约1分钟。

③锅底留油，加水、白糖搅拌匀，倒入水淀粉，制成稠汁。

④放入苹果片，搅拌均匀，撒上熟芝麻即成。

# 蒸苹果

 **原料** 苹果1个

 **调料** 蜂蜜适量

 **做法**
①将洗净的苹果对半切开，去皮、核，切成丁。
②把苹果丁装入碗中，放入烧开的蒸锅中，盖上盖，用中火蒸约10分钟。
③揭盖，将蒸好的苹果丁取出，冷却后淋入少许蜂蜜即可食用。

# 黑椒苹果牛肉粒

**原料** 苹果、牛肉、芥蓝、洋葱各适量

**调料** 盐、黑胡椒、老抽、料酒、葱白、姜丝、食用油各适量

**做法**
①洋葱洗净切丁；芥蓝梗切段；苹果洗净切块；牛肉洗净切丁，加入盐、食用油腌渍约10分钟。
②锅注水烧开，加食用油、盐、芥蓝梗段、苹果丁煮半分钟捞出，再倒入牛肉丁煮1分钟捞出。
③起油锅，炒香葱白、姜丝、黑胡椒粒、洋葱丁，加牛肉丁、料酒、老抽、焯煮食材炒熟，加盐调味即成。

## 健脑益智功效

　　荔枝富含的糖分具有补充能量、增加营养的作用。研究证明，荔枝对大脑组织有补养作用，能明显改善失眠、健忘、神疲等症状。荔枝肉含丰富的维生素C和蛋白质，有助于增强机体免疫功能，提高抗病能力。此外，荔枝果肉具有补脾益肝、理气补血、温中止痛、补心安神的功效，而荔枝核具有理气、散结、止痛的功效，可止呃逆，止腹泻，是顽固性呃逆及五更泻者的食疗佳品，同时有益智、补脑、健身、开胃益脾、促进食欲的功效。

## 食用注意

　　☞不宜空腹食用过多的鲜荔枝，否则易导致腹胀腹痛。

　　☞吃荔枝前后适当喝点盐水、凉茶或绿豆汤，可以有效预防"虚火"。

　　☞阴虚肝热者最好不要食用荔枝。

# 百合鸡肉炒荔枝

**原料** 鲜百合70克，荔枝、鸡胸肉各150克，红椒块15克

**调料** 盐4克，鸡粉3克，葱白、姜片、蒜末、料酒、水淀粉、食用油各适量

**做法** ①荔枝去壳、核，果肉切块；百合洗净。

②鸡胸肉洗净切片，加盐、鸡粉、食用油、水淀粉抓匀。

③锅入水烧开，加盐、百合、荔枝肉块和红椒块煮片刻捞出。

④用油起锅，放入姜片、蒜末、葱白、鸡胸肉片、料酒炒至变色，放入百合、荔枝、红椒、盐、鸡粉炒匀，加水淀粉勾芡即可。

# 荔枝凤尾虾

 荔枝200克，基围虾200克

 盐4克，鸡粉3克，水淀粉8克，食用油适量

①荔枝去蒂，用刀将荔枝肉尖部切平，去壳、核；基围虾去头、壳，切开背部，去虾线，洗净装碗，加适量盐、鸡粉、水淀粉，拌匀腌渍5分钟。
②沸水中加盐，将荔枝焯水。
③热锅注油，将虾仁炸至变色。
④锅留油，加适量水、盐、鸡粉，煮沸，加水淀粉制成稠汁。
⑤把虾仁塞入荔枝肉中，露出虾尾，浇上稠汁，放上装饰即可。

# 荔枝炒虾仁

 荔枝150克，虾仁80克，胡萝卜片70克，葱白、姜片、蒜末适量

 料酒5克，水淀粉、盐各4克，鸡粉3克，食用油适量

 ①荔枝去壳、核，肉尖部切平；虾仁去掉虾线，加盐、鸡粉、水淀粉、食用油拌匀，腌渍5分钟。
②锅加水烧开，放胡萝卜片、盐、荔枝肉煮半分钟捞出。
③起油锅，放入虾仁炒至变色，加姜片、蒜末、葱白、荔枝肉和胡萝卜片、料酒、盐、鸡粉炒匀调味，倒入水淀粉勾芡即可。

柑橘

## 健脑益智功效

柑橘性凉，味甘、酸，归脾、胃、膀胱经，含有丰富的钾、B族维生素、维生素C及抗氧化成分、抗癌成分、抗过敏成分以及丰富的类黄酮、多酚、类胡萝卜素等多种化合物群，具有开胃理气、润肺止渴、预防癌症、促进消化、润肠通便、预防高血压和脑出血的功效。现代医学研究认为，除了上述功效，柑橘还有极佳的健脑益智、改善体虚、滋润肌肤的作用。

需要指出的是，吃柑橘时橘子皮内像网一样包着橘子瓣的纤维状组织，中药称为橘络，有很好的止咳化痰作用。

## 食用注意

☞吃柑橘前后1小时不要喝牛奶。

☞忌与萝卜、蟹、蛤蜊同食。

☞胃溃疡或胃酸过多、体质燥热者不宜食用。

## 豌豆炒橘子

**原料** 玉米粒70克，豌豆80克，橘子肉180克

**调料** 白糖5克，盐2克，葱段、食用油各少许

**做法**
①玉米粒、豌豆分别洗净，锅中注水烧开，加少许盐、食用油，放入玉米粒、豌豆拌匀，煮约1分钟捞出。
②用油起锅，倒入葱段爆香，放入玉米粒、豌豆翻炒至熟。
③再放入橘子肉拌炒，加白糖、盐炒匀即可。

# 拔丝柑橘

 **原料** 柑橘200克，鸡蛋1个

 **调料** 白糖15克，水淀粉5克，白芝麻、食用油各少许

 **做法** ①洗净的柑橘去皮，掰成小瓣；鸡蛋打入碗中，搅匀。
②柑橘加入蛋液、水淀粉拌匀，入油锅炸1分钟。
③另起锅，注油烧热，加入白糖、清水，改小火顺时针搅拌2分钟，加入柑橘炒1分钟盛盘。
④撒上白芝麻即可。

# 柑橘猕猴桃沙拉

 **原料** 柑橘80克，香蕉60克，猕猴桃、芒果各40克

 **调料** 沙拉酱20克，柠檬汁、白糖各少许

 **做法** ①柑橘去皮剥成瓣；猕猴桃去皮切块；香蕉去皮切厚片；芒果去皮，切块。
②将所有水果盛入碗中，淋入适量柠檬汁，加入少许白糖略拌。
③装盘，食用时淋上沙拉酱即可。

蓝莓

## 健脑益智功效

蓝莓营养丰富，不仅富含常规营养成分，而且还含有极为丰富的黄酮类和多糖类化合物，因此又被称为"水果皇后"和"浆果之王"。蓝莓的果胶含量很高，能有效降低胆固醇，防止动脉粥样硬化，促进心血管健康。蓝莓含花青素，具有活化视网膜功效，可以强化视力，防止眼球疲劳。此外，蓝莓还富含维生素C，有增强心脏功能、预防癌症和心脏病的功效，能防止脑神经衰老、增进脑力。蓝莓中还含有抗氧化物质，可以清除体内杂质。长期食用蓝莓能加快大脑海马部神经元细胞的生长分化，提高记忆力。

## 食用注意

☞蓝莓不宜和高钙食物一同食用，否则会影响钙质的吸收。

☞每次不宜过多食用蓝莓，容易上火。

☞新鲜蓝莓有轻泻作用，腹泻时勿食。

## ⓖ 蓝莓南瓜

 南瓜400克

 蓝莓酱40克

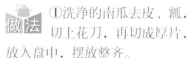 ①洗净的南瓜去皮、瓤，切上花刀，再切成厚片，放入盘中，摆放整齐。
②将蓝莓酱抹在南瓜片上，放入烧开的蒸锅中。
③盖上盖，用大火蒸15分钟，蒸至食材熟透。
④揭开盖，把蒸好的蓝莓南瓜取出即可。

# 蓝莓豆腐

**原料** 豆腐400克

**调料** 白糖、蓝莓酱各30克，水淀粉10克，蒜末、葱花、食用油各少许

**做法**
①洗净的豆腐切块。
②锅中加水煮沸，下入豆腐块煮约2分钟，捞出。
③用油起锅，放入蒜末爆香，注入清水，放入白糖拌匀。
④倒入豆腐块、蓝莓酱煮至食材入味，加入水淀粉勾芡，撒上葱花即成。

# 蓝莓山药

**原料** 铁棍山药250克

**调料** 蓝莓酱15克，白糖20克，食用油适量

**做法**
①洗净去皮的山药切块，装盘。
②将山药放入蒸锅中，加盖，用中火蒸15分钟至熟，把山药取出，晾凉。
③用油起锅，加清水、白糖、蓝莓酱煮约2分钟，制成蓝莓味汁，浇在山药块上即可。

红枣

## 健脑益智功效

红枣营养丰富，含有蛋白质、糖类、B族维生素、维生素C、维生素P、铁等多种营养成分。维生素C是一种水溶性纤维素，有使大脑的功能敏锐并且加强脑细胞蛋白质的功能。红枣能补气血、健脾胃，适宜心脾两虚、气血不足的健忘者食用。不仅如此，红枣还含有其他多种多量的维生素，特别是维生素P以及铁和磷等营养成分。体质虚弱者以及记忆衰退者可常用红枣煎汤饮用，或蒸熟后食用，坚持一段时间便会起到改善体质、增强记忆、调节脑功能的作用。

## 食用注意

☞红枣不宜与葱一同烹饪。

☞每次食用红枣不宜过量，一般控制在8个以内为佳。

☞消化不良者宜少食。

## ⊛ 糯米红枣

**原料** 红枣200克，糯米粉100克

**调料** 白糖30克，蜂蜜、香菜叶各适量

**做法** ①将红枣浸泡后去核，切开。

②糯米粉加水搓成团，放入红枣中，装盘。

③用白糖泡水，倒入红枣中，放入蒸锅蒸15分钟。

④取出晾凉，加蜂蜜拌匀，放上香菜叶即可。

# 哈密红枣

原料　红枣300克，醪糟半瓶

调料　醋5克，白糖20克，蜂蜜10克

做法　①红枣洗净，用水泡至胀发后捞出沥水，装盘。
②调入适量醋、白糖、蜂蜜、醪糟，拌匀。
③将拌好的食材放入蒸锅中蒸10分钟至食材熟烂，取出晾凉即可。

# 蜜枣焖羊腩

原料　羊腩600克，蜜枣200克，胡萝卜2根

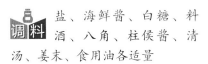

调料　盐、海鲜酱、白糖、料酒、八角、柱侯酱、清汤、姜末、食用油各适量

做法　①羊腩洗净，切成方块，余水后捞出洗净，备用。
②胡萝卜去皮洗净，切滚刀块；蜜枣洗净。
③八角、姜末、柱侯酱、海鲜酱入油锅炒香，加入清汤、料酒、蜜枣、羊腩块，大火烧开，加入胡萝卜块续煮40分钟，加盐、白糖调味，收汁装盘，放上装饰即成。

菠萝

## 健脑益智功效

　　菠萝果实品质优良，富含水分、碳水化合物、蛋白质、脂肪、纤维素、烟酸、钾、钠、锌、钙、磷、铁、胡萝卜素、维生素、维生素、维生素C、灰分、多种有机酸及菠萝酶等营养成分，有清热解暑、滋润肌肤、消食止泻、补益大脑、利小便的作用。

　　此外，菠萝还含有大量维生素C和微量元素锰，而且热量少，常吃不仅可强身健体、增强食欲，还能帮助减肥、改善记忆力。

## 食用注意

☞吃完海鲜后，不宜食用菠萝，否则易导致呕吐。

☞食用菠萝前可以先放盐水中浸泡半小时左右。

☞患有溃疡病、肾脏病、凝血功能障碍的人应禁食菠萝。

# 菠萝烩鸡块

**原料** 鸡中翅400克，菠萝肉200克，红椒片20克，姜片、葱白各少许

**调料** 盐、料酒、鸡粉、白糖、番茄酱、生抽、食用油各适量

**做法** ①洗净的鸡中翅划"一"字花刀；菠萝肉切块。
②鸡中翅加盐、白糖、料酒腌渍片刻，入油锅炸至金黄色捞出。
③用油起锅，倒入姜片、葱白爆香，倒入红椒片、菠萝块、鸡中翅炒匀，淋入料酒，加少许水，加盐、鸡粉、生抽拌炒匀，煮约3分钟至鸡翅入味，大火收汁，加番茄酱炒片刻入味即可。

# 菠萝咕噜肉

 **原料** 猪肉300克，菠萝150克，洋葱及青椒、红椒各适量

 **调料** 盐、鸡蛋液、料酒、水淀粉、番茄酱、食用油各适量

 **做法** ①猪肉洗净切块，用料酒略腌后挂鸡蛋液上浆；菠萝去皮洗净，切块；洋葱及青椒、红椒均洗净，切块。
②油锅烧热，下猪肉炸3分钟，捞出控油；另起油锅，放入青椒块、红椒块爆香，再加入猪肉块、菠萝块、洋葱块拌炒均匀。
③加入盐、番茄酱调味，炒至食材上色后用水淀粉勾芡即可。

# 菠萝炒排骨

 **原料** 猪排骨300克，菠萝肉适量，洋葱及青椒、红椒各50克

 **调料** 盐3克，番茄酱、生抽、水淀粉、食用油各适量

 **做法** ①猪排骨洗净，斩块后汆去血水，再裹上水淀粉；菠萝肉切块，放入盐水中浸泡片刻；洋葱及青椒、红椒分别洗净，切块。
②油锅烧热，放入猪排骨炸至金黄色，倒入菠萝肉、洋葱及青椒块、红椒块同炒片刻。
③加入盐、番茄酱、生抽调味，炒匀即可。

## 菠萝排骨

 **原料** 猪排骨200克，菠萝肉150克，青椒、洋葱、黄瓜各50克

 **调料** 盐4克，味精1克，冰糖、醋、水淀粉、食用油各适量

 **做法**
①猪排骨洗净，切段，粘上水淀粉；菠萝肉切块；青椒、洋葱分别洗净，切片；黄瓜洗净切片，摆盘围边。
②热锅下油，放入冰糖，待其融化后，放入猪排骨炸至变色。
③放入青椒片、菠萝块和洋葱片同炒，加入盐、味精和醋炒熟即可。

---

## 菠萝炒虾球

 **原料** 菠萝罐头150克，虾250克

 **调料** 盐4克，红椒、青椒各5克，食用油适量

 **做法**
①将虾洗净，剥去外壳、虾线，由背部剖开；红椒、青椒洗净，去籽切片。
②炒锅入油烧热，倒入虾、菠萝罐头翻炒片刻。
③调入盐，放入红椒片、青椒片，炒熟，盛盘放上装饰即可。

---

## 菠萝炒鸭丁

**原料** 鸭肉200克，菠萝肉180克，彩椒50克，姜片、蒜末、葱段各少许

 **调料** 盐4克，鸡粉2克，蚝油5克，料酒6克，生抽8克，水淀粉、食用油各适量

 **做法**
①菠萝肉切丁；洗净的彩椒切块。
②洗好的鸭肉切块，加生抽、料酒、盐、鸡粉、水淀粉上浆，加食用油腌渍。
③锅入水烧开，放菠萝、彩椒煮片刻，捞出。
④用油起锅，放姜片、蒜末、葱段、鸭肉、料酒炒透，倒入焯好的食材、所有调料炒匀，倒水淀粉勾芡，放上装饰即成。

### 菠萝炒鱼片

 菠萝肉75克，草鱼肉150克，红椒25克，姜片、蒜末、葱段各少许

 豆瓣酱7克，盐2克，鸡粉2克，料酒4克，水淀粉、食用油各适量

 ①菠萝肉切片；洗净的红椒去籽切块。
②草鱼肉切片，加盐、鸡粉、水淀粉腌渍约10分钟。
③热锅注油烧热，放鱼片滑油至断生。
④用油起锅，放姜片、蒜末、葱段、红椒、菠萝炒匀，倒入鱼片、盐、鸡粉、豆瓣酱、料酒调味，加水淀粉勾芡即成。

### 菠萝炒牛肉片

 姜片100克，菠萝肉100克，红椒15克，牛肉片180克，蒜末、葱段各少许

调料 盐、鸡粉、食粉各少许，番茄汁、料酒、水淀粉、食用油各适量

做法 ①红椒洗净切块；菠萝肉切块；姜片装碗，加盐腌渍；牛肉片装碗，放食粉、盐、鸡粉、水淀粉、食用油腌渍入味。
②水烧开，将姜片、菠萝块、红椒块焯水捞出。
③起油锅，爆香蒜末，倒入牛肉片、焯好的材料、番茄汁、水淀粉，炒匀入味，盛出，装盘，撒上葱段即可。

### 菠萝咕噜豆腐

 北豆腐300克，菠萝肉100克，番茄汁30克，青椒片、红椒片各15克

 盐2克，白糖10克，水淀粉、蒜末、葱段、面粉、食用油各少许

 ①菠萝肉切块；洗好的豆腐切方块，裹上面粉，倒入热油锅炸2～3分钟。
②起油锅，爆香蒜末、葱段、青椒片、红椒片。
③倒入菠萝块、清水、番茄汁炒匀，加入白糖和盐拌匀煮沸。
④倒入炸好的豆腐块，再加水淀粉炒匀，淋入热油炒匀即可。

柠檬

## 健脑益智功效

　　柠檬富含维生素C、糖类、钙、磷、铁、维生素B$_1$、维生素B$_2$、烟酸、奎宁酸、柠檬酸、苹果酸、高量钾元素和低量钠元素等，对人体十分有益。维生素C能促使人体各种组织和细胞间质的生成，并保持它们正常的生理机能。当缺少维生素C时，细胞之间的间质——胶状物也就跟着变少。这样，细胞组织就会变脆，失去抵抗外力的能力，人体就容易出现坏血症。此外，维生素C在清除脑细胞结构的松弛与紧缩、促进脑细胞结构坚固方面发挥着重要作用，是人们提高脑功能的一种重要的营养素。常食柠檬可开胃、改善疲劳、益智、提高视力。

## 食用注意

☞柠檬不宜与虾、蟹一同烹饪。

☞泡柠檬片时最好不要使用刚刚煮沸的开水。

☞胃及十二指肠溃疡或胃酸过多患者忌用柠檬。

## 香煎柠檬鱼

**原料** 草鱼肉300克，鲜柠檬片70克，葱花少许

**调料** 盐、白醋、白糖、生抽、胡椒粉、料酒、鸡粉、食用油各适量

**做法** ①草鱼肉洗净切块，加盐、鸡粉、白糖、生抽、料酒、胡椒粉拌匀腌渍15分钟。
②柠檬片加白醋、白糖拌匀，静置5分钟，制成柠檬味汁。
③锅中加油烧热，放入鱼块，小火煎至熟，盛出装盘。
④将柠檬味汁倒入锅中，煮沸后加入白糖，煮至溶化，制成味汁。
⑤把柠檬片放在鱼块之间，浇上柠檬汁，撒上葱花即可。

# 柠檬胡椒牛肉

 **原料** 牛肉200克，柠檬70克，洋葱、彩椒各50克，黑胡椒粒10克，葱、姜、蒜各适量

 **调料** 盐、鸡粉、蚝油、料酒、水淀粉、生抽、食用油各适量

**做法**
①柠檬、牛肉分别洗净切片；彩椒、洋葱洗净切块；姜洗净切片；蒜洗净切碎；葱洗净切段；牛肉加生抽、盐、水淀粉拌匀腌渍10分钟。
②用油起锅，放入姜片、蒜末、葱段爆香，倒入彩椒块、洋葱块、柠檬片、牛肉片炒匀。
③加入所有调料炒熟，盛盘后用少许柠檬片摆盘即成。

# 柠香鸡翅

 **原料** 柠檬100克，鸡中翅230克，姜片、葱条各少许

 **调料** 盐、白糖、鸡粉、生抽、料酒、水淀粉、食用油各适量

**做法**
①洗净的柠檬切片，放入有清水的碗中，加入15克白糖、少许盐抓匀，静置10分钟，制成柠檬汁。
②洗好的鸡中翅加入姜片、葱条、所有调料抓匀，腌渍15分钟。
③热锅注油，放鸡中翅炸3分钟。
④锅底留油，倒入柠檬汁煮沸，加水淀粉调匀芡汁，放入鸡中翅炒匀，装盘，摆上柠檬片即可。

核桃

## 健脑益智功效

核桃是健脑的佳品。每100克中含蛋白质15.4克，脂肪63克，碳水化物10.7克，钙108毫克，磷329毫克，铁3.2毫克，维生素$B_1$0.32毫克，维生素$B_2$0.11毫克，烟酸1.0毫克。脂肪中含亚油酸多，营养价值较高，有较好的补脑效果。核桃中所含的微量元素锌和锰是脑垂体的重要成分，有益于大脑的营养补充。此外，经常食用核桃对于改善头晕、失眠、心悸、健忘、食欲不振、乏力等症状有很好的促进作用。

## 食用注意

☞核桃不宜与白酒一同食用。

☞外表发黑、泛油的核桃多数不宜食用。

☞便溏腹泻以及阴虚火旺者宜少食或不食核桃。

## 核桃仁炒虾球

**原料** 虾100克，核桃仁200克，青椒、红椒各少许

**调料** 盐3克，味精1克，醋8克，生抽12克，食用油各适量

**做法** ①虾去虾线，洗净，备用；核桃仁洗净；青椒、红椒洗净，切斜片。

②锅内注油烧热，放入虾仁炒至变色后，加入核桃仁、青椒片、红椒片炒匀。

③再加入盐、醋、生抽炒至熟，加入味精调味，起锅装盘，加上装饰即可。

# 红椒核桃仁

 **原料** 核桃仁300克，荷兰豆150克，红椒30克

**调料** 盐、味精各3克，香油15克

**做法** ①将荷兰豆洗净，切成段，放入沸水锅中，再加适量盐，将荷兰豆焯水后捞出，摆入盘中。
②红椒洗净，切成菱形片，焯水后与洗净的核桃仁、荷兰豆一同放入碗中，调入适量盐、味精、香油拌匀即可食用。

# 韭菜核桃仁

 **原料** 韭菜100克，核桃仁30克，彩椒丝少许

 **调料** 盐3克，味精适量

 **做法** ①将韭菜择洗干净，切成段；核桃仁洗净，装入碗中，备用。
②热锅下油，放入韭菜段、彩椒丝和核桃仁，快速翻炒至韭菜变软。
③放入适量盐和味精调味，出锅装盘即可。

## 南瓜核桃泥

**原料** 南瓜120克，土豆45克，葡萄干20克

**调料** 配方奶粉10克，核桃粉15克

**做法** ①去皮洗净的土豆、南瓜均切片，装在蒸盘中；洗净的葡萄干剁成末。
②蒸锅上火烧开，放入蒸盘，盖上盖，用中火约15分钟，取出晾凉。
③取一个碗，倒入南瓜和土豆压成泥。
④撒上适量配方奶粉、葡萄干、核桃粉搅拌约1分钟即可。

## 核桃枸杞肉丁

**原料** 核桃仁40克，猪瘦肉120克，枸杞5克

**调料** 盐、料酒、鸡粉、水淀粉、姜片、蒜末、葱段、食用油各适量

**做法** ①猪瘦肉洗净切丁，放盐、鸡粉、水淀粉抓匀腌渍10分钟；枸杞洗净。
②锅注水烧开，加入洗净的核桃仁煮2分钟捞出，放入凉水中去除表皮，入油锅炸香。锅留油，炒香葱段、姜片、蒜末，放猪肉丁炒变色。
③加料酒、枸杞、盐、鸡粉炒匀，放入核桃仁炒匀即可。

## 核桃仁小炒肉

**原料** 水发茶树菇70克，猪瘦肉120克，彩椒50克，核桃仁30克，姜片、蒜末各少许

**调料** 盐、鸡粉、生抽、料酒、香油、水淀粉、食用油各适量

**做法** ①茶树菇洗净去老茎；彩椒洗净切条；猪瘦肉洗净切条，调入料酒、盐、鸡粉、生抽、水淀粉、香油腌渍10分钟。
②水烧开，先后将茶树菇、彩椒焯水捞出；起油锅，炸香洗净的核桃仁。
③锅留油，放入所有食材、生抽、盐、鸡粉、水淀粉翻炒入味，加核桃仁拌炒匀即可。

# 西芹炒核桃仁

 **原料** 西芹100克，猪瘦肉140克，核桃仁、枸杞各适量

 **调料** 盐4克，鸡粉2克，水淀粉3克，料酒8克，姜片、葱段、食用油各少许

 **做法** ①西芹洗净切段；猪瘦肉洗净切丁，装碗，调入盐、鸡粉、适量水淀粉、少许食用油，腌渍10分钟。
②锅入水烧开，将西芹焯水捞出。
③起油锅，炸香核桃仁，捞出，倒入肉丁、料酒、姜片、葱段、西芹炒匀，加盐、鸡粉、净枸杞炒匀，盛出撒上核桃仁即可。

# 核桃仁鸡丁

 **原料** 核桃仁30克，鸡胸肉180克，青椒40克，胡萝卜50克

**调料** 盐、鸡粉、食粉、料酒、水淀粉、姜片、蒜末、葱段、食用油各适量

**做法** ①所有食材洗净；胡萝卜切丁；青椒切丁；鸡胸肉切丁，加盐、鸡粉、水淀粉、油腌渍；胡萝卜焯水捞出，加食粉、核桃仁煮1分钟捞出，入油锅炸香。
②锅留油，爆香姜片、蒜末、葱段，炒香鸡肉、青椒、胡萝卜、料酒、盐、鸡粉，炒匀。
③加水淀粉勾芡盛出，放上核桃仁即可。

 **原料** 核桃仁30克，鸡蛋1个，红薯粉30克

 **调料** 盐2克

# 蛋酥核桃仁

**做法** ①锅注水烧开，放盐、核桃仁煮沸捞出，备用。
②将鸡蛋打入碗中，搅打均匀备用。
③把核桃仁装入碗中，加入蛋液抓匀，放入红薯粉拌匀。
④热锅注油烧至四成热，放入核桃仁炸约2分钟至熟装入盘中即可。

# 花生

## 健脑益智功效

　　花生含有蛋白质、脂肪、糖类、维生素$B_6$、维生素E、维生素K以及矿物质钙、磷、铁、卵磷脂、胆碱、胡萝卜素、粗纤维等营养成分。现代研究证实，花生中脂肪含量为44%~45%，蛋白质含量为24%~36%，含糖量为20%左右，还含有丰富的维生素$B_2$、烟酸等成分，这些营养成分对大脑神经的生长和发育起着至关重要的作用，经常食用可促进人的脑细胞发育、增强记忆。此外，常食花生还有凝血止血、通乳、降低胆固醇、预防肿瘤的作用。

## 食用注意

☞花生与毛蟹不宜一同烹饪。
☞生花生不宜食用过多，否则易导致腹胀。
☞消化不良者以及高脂血症患者不宜食用。

# 小鱼花生

**原料** 小鱼300克，熟花生100克，红椒1个

**调料** 蒜10克，葱段15克，盐4克，味精3克，食用油少许

**做法**
①小鱼洗净，用水浸泡约2小时，捞出沥水；红椒去籽切小丁，蒜去皮洗净剁碎。
②锅中注油烧热，放入小鱼炸酥，捞出沥油。
③锅中留少许油，放入葱段、蒜碎炒香，再倒入炸好的小鱼，调入盐、味精、红椒丁炒熟，最后加入熟花生米即可。

# 醋泡花生米

原料 红皮花生米300克，葱白30克，红尖椒30克，香菜叶、食用油各少许

调料 盐4克，味精3克，陈醋、香油各10克

做法 ①红皮花生米洗净，放油锅炒熟，装盘。
②葱白洗净，切斜段；红尖椒洗净，切成圈。
③把陈醋和所有调味料一起放入碗内，加凉开水调成味汁，与红皮花生米、红椒圈一起装盘，放上香菜叶，浇入味汁即可。

# 花生拌鱼片

原料 草鱼1条，花生米50克，葱段10克，姜末5克

调料 料酒、盐、白酱油、白糖、味精、香油、食用油各适量

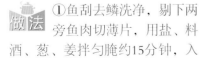做法 ①鱼刮去鳞洗净，剔下两旁鱼肉切薄片，用盐、料酒、葱、姜拌匀腌约15分钟，入油锅滑熟。
②花生米洗净用盐水浸泡，入油锅中炸香，捞出。
③将炸好的花生米摆入盘中，加入鱼片和所有调料拌匀即可。

# 卤花生

原料　花生米300克

调料　酱油15克，八角2粒，香油10克，冰糖10克

做法
①花生米洗净，浸泡3小时，捞出，放入电饭锅中煮熟，再继续焖20分钟，取出备用。
②锅中放入酱油、八角、水、冰糖及花生，大火煮开后改小火煮30分钟，盛出，淋上香油即可。

# 花生蒸猪蹄

原料　猪蹄500克，花生米100克，红椒10克

调料　盐4克，酱油5克，食用油适量

做法
①猪蹄褪毛后剁成段，氽水备用；花生米洗净；红椒洗净切成片。
②将猪蹄入油锅中炸至金黄色后捞出，盛入碗内，加入花生米，调入适量酱油、盐、红椒片拌匀。
③再上笼蒸1个小时至猪蹄肉烂即可。

# 香菜花生

原料　花生米500克

调料　盐4克，味精1克，香菜、葱各10克，香油、食用油各适量

做法
①花生米洗净，用水浸泡；香菜洗净，切碎；葱洗净，切小段。
②锅入油烧热，放入花生米翻炒，倒入香菜碎和葱段翻炒。
③加入适量盐、味精和香油调味，炒匀出锅即可。

**原料** 豆腐干150克，红椒15克，花生米80克，蒜末、葱花各少许

 **调料** 味椒盐、鸡粉各2克，料酒5克，香油、食用油各适量

 **做法** ①豆腐干洗净切丁；红椒洗净切圈。
②热锅注油，倒入花生米，炸至花生红衣裂开，捞出；倒入豆腐干丁，炸干捞出。
③锅留油，爆香蒜末、葱花、红椒圈，倒入豆腐干丁，炒匀，放入料酒、味椒盐、鸡粉、葱花、花生米翻炒至入味。
④淋入少许香油，炒匀即成。

## 豆腐干炒花生

## 肉酱拌花生

**原料** 熟花生米150克，瘦肉50克

**调料** 芝麻酱、辣椒酱各10克，盐4克，鸡粉、生抽、料酒、葱花、食用油各适量

**做法** ①洗净的瘦肉剁成肉末。
②用油起锅，倒入肉末翻炒至变色。
③加入生抽、料酒、芝麻酱、辣椒酱、盐、鸡粉，翻炒匀。
④倒入去皮的熟花生米翻炒至入味，撒上葱花，炒香即成。

**原料** 花生米60克，芹菜100克，干辣椒5克，蒜末少许

**调料** 盐、鸡粉各2克，白糖、陈醋、生抽、食用油各适量

 **做法** ①洗净的芹菜切成段，装入盘中。
②水烧开，倒入食用油、芹菜段，焯水。
③将花生米洗净入油锅炸熟，捞出，去红衣。
④锅留油，爆香蒜末、干辣椒，调入陈醋、生抽、清水、盐、鸡粉、白糖，炒匀，调成味汁。
⑤将芹菜段、花生米一同装碗，倒入调好的味汁，用筷子将碗中的材料拌匀即可。

## 花生拌芹菜

板
栗

## 健脑益智功效

板栗的营养保健价值很高，富含蛋白质、脂肪、碳水化合物、粗纤维、钙、铁、磷、B族维生素、维生素C等多种成分。脂肪中除油酸、亚油酸较多外，还含有二十碳五烯酸、二十碳三烯酸、二十碳二烯酸、芥子酸、二十四碳烯酸等营养成分，对补充脑的需求很有益处。蛋白质中氨基酸的组成成分如天冬氨酸、谷氨酸的含量也很高，这些元素都有健脑的作用。

中医认为，板栗性温，味甘平，有养胃健脾、健脑益智、活血止血、抗衰老等功效。每天坚持食用，还可起到增强体质、改善记忆力的效果。

## 食用注意

☞每次不宜食用过多的生板栗，否则容易导致腹胀。

☞板栗不宜与杏仁一同食用。

☞糖尿病者以及消化不良者宜少食或禁食。

# 🍲 腐竹板栗

**原料** 板栗肉60克，腐竹、香菇片、青椒片、红椒片、芹菜段、姜片、葱花各少许

**调料** 生抽、盐、鸡粉、白糖、番茄酱、食用油各少许

**做法** ①板栗肉洗净对半切开；油锅烧热，倒入洗净切段的腐竹、板栗过油，捞出。

②锅底留油烧热，倒入姜片爆香，放香菇炒匀，注入少许清水，倒入腐竹、板栗、加生抽、盐、鸡粉、白糖、番茄酱炒匀调味，转小火焖熟。

③放入剩余食材炒至断生，转入砂锅，煲熟，撒上葱花即可。

# 板栗焖羊肉

**原料** 羊肉块500克,板栗肉、胡萝卜、白萝卜各20克

**调料** 酱油、葱段、盐、姜片、桂皮、八角、食用油各适量

**做法** ①羊肉块洗净放入沸水余烫,捞出,沥水备用;胡萝卜、白萝卜均洗净,切块;板栗肉洗净。
②起油锅,爆香葱段、姜片,放羊肉块炒至变色,下入白萝卜块、胡萝卜块、板栗、桂皮、八角,加适量水,大火煮沸后转小火焖煮1小时至熟软,调入酱油、盐,小火焖煮2分钟即可起锅。

# 板栗鸡肉丸

**原料** 鸡肉200克,板栗仁50克,蛋清40克,面粉适量

**调料** 盐2克,鱼子酱、食用油各少许

**做法** ①鸡肉洗净,剁成肉泥,加盐腌10分钟;板栗仁洗净,切丁。
②面粉加水调成面糊,与板栗丁、蛋清一起揉入鸡肉馅中,搅拌均匀;手掌心抹少许食用油,取肉馅制成肉丸。
③将肉丸放进蒸锅中隔水蒸熟,取出摆盘,放上鱼子酱点缀即可。

## 板栗鲜草菇

**原料** 草菇150克，板栗100克，青椒、红椒各适量

**调料** 盐2克，生抽6克，味精1克，食用油适量

**做法**
①草菇洗净，对切成两半；板栗去壳去衣，洗净；青椒、红椒洗净，切菱形块。
②油锅烧热，下板栗快炒片刻，再放入草菇块及青椒块、红椒块一同翻炒至熟。
③调入盐、生抽、味精，炒匀即可。

---

**原料** 土鸡350克，板栗200克，青椒、红椒各50克

**调料** 蒜、葱花、盐、味精各4克，酱汁10克，食用油适量

**做法**
①土鸡收拾干净，切成小块；板栗洗净煮熟，取肉备用；青椒、红椒均洗净，切片；蒜去皮，洗净。
②热锅下油，放入青椒片、红椒片、蒜爆香，下入鸡块炒至变色，放入板栗和适量水焖熟。
③加盐、味精、酱汁调味，撒上葱花即可。

## 板栗酱汁鸡

---

## 板栗炒鸡中翅

**原料** 板栗120克，水发莲子100克，鸡中翅200克，枸杞、姜片、葱段各少许

**调料** 生抽7克，白糖6克，盐、鸡粉各3克，料酒、香菜叶、食用油各适量

**做法**
①处理好的鸡中翅斩块，加生抽、白糖、盐、鸡粉、料酒拌匀，腌渍10分钟。
②热锅注油烧热，放入鸡中翅炸至微黄色。
③锅底留油，放姜片、葱段爆香，倒入鸡中翅、料酒、板栗、莲子炒匀，加生抽、盐、鸡粉、白糖、清水炒匀，用小火焖7分钟。
④放入枸杞炒匀，撒上香菜叶即可。

## 丝瓜烧板栗

 **原料** 板栗140克，丝瓜130克，彩椒40克，姜片、蒜末各少许

 **调料** 盐4克，鸡粉2克，蚝油5克，水淀粉、食用油各适量

 **做法** ①洗净的板栗对半切开；洗净的丝瓜、彩椒切成小块。

②锅注水烧开，加盐、板栗煮约1分钟捞出。

③起油锅，爆香姜片、蒜末，倒入板栗，调入水、盐、鸡粉、蚝油煮沸，小火焖片刻。

④倒入丝瓜块、彩椒块用小火续煮约2分钟，加水淀粉勾芡即成。

## 莴笋烧板栗

**原料** 莴笋200克，板栗肉100克，蒜末、葱段各少许

**调料** 盐3克，鸡粉2克，蚝油7克，水淀粉、香油、食用油各适量

 **做法** ①将洗净去皮的莴笋切滚刀块。

②锅中注水烧开，加入少许盐、食用油，倒入洗净的板栗肉，略煮一会儿，放入莴笋块，煮至食材断生后捞出，沥水。

③起油锅，爆香蒜末、葱段，下板栗肉和莴笋块，加蚝油、水、盐、鸡粉调味，煮至熟。

④淋入香油，加水淀粉勾芡即成。

## 鹌鹑蛋烧板栗

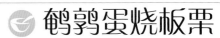

 **原料** 熟鹌鹑蛋120克，胡萝卜80克，板栗肉70克，红枣15克

 **调料** 盐、鸡粉各2克，生抽5克，生粉15克，水淀粉、食用油各适量

 **做法** ①将熟鹌鹑蛋加生抽、生粉拌匀；胡萝卜去皮洗净切块；板栗洗净切小块。

②锅注油烧热，把鹌鹑蛋炸至呈虎皮状捞出，倒入板栗炸至水分全干后捞出。

③起油锅，倒入清水、洗净的红枣、胡萝卜、鹌鹑蛋、板栗，加盐、鸡粉，小火焖煮15分钟，加水淀粉勾芡即成。

## 健脑益智功效

　　鸡蛋营养丰富，含有人体必需的蛋白质、脂肪、维生素、矿物质等营养成分，而且消化吸收率特别高，是人类最好的营养来源之一。据研究分析，鸡蛋中高达12.6%以上的蛋白质都是完全蛋白质，极易被人体消化吸收，对于大脑的发育有至关重要的作用。鸡蛋中含有的卵磷脂、维生素$B_2$、脑磷脂等成分有改善大脑功能、增强记忆力的功效。此外，鸡蛋中还含有较多的铁，其主要参与氧的转运、交换和组织呼吸过程，如果缺乏，容易导致贫血和智力迟钝。对人类而言，鸡蛋的营养品质非常高，仅次于母乳，特别适合健脑、益智、补虚之用。

## 食用注意

　　☞吃鸡蛋后不要立即吃糖、柿子、消炎药、鹅肉、兔肉、鳖肉，也不要立即喝茶、喝豆浆。

　　☞要少吃茶叶蛋。

## 蛤蜊炖蛋

 **原料** 蛤蜊250克，鸡蛋2个，蟹肉80克

 **调料** 盐2克，料酒8克，葱花、蒜蓉、食用油各适量

 **做法** ①蛤蜊洗净，煮熟；蟹肉洗净，切成碎末。

②鸡蛋打入碗中，加少许盐搅打成蛋液；将蛤蜊放入蛋液中，再放入蒸锅蒸熟，取出。

③油锅烧热，下蒜蓉爆香，放入蟹肉翻炒，烹入料酒，加盐调味，起锅倒在蒸蛋上，撒上葱花即可。

# 韭菜煎鸡蛋

 鸡蛋4个，韭菜150克，葱花少许

 盐、味精各3克，食用油适量

 ①将韭菜洗净，切成碎末、装盘备用。

②鸡蛋打入碗中，打散，加入韭菜末、盐、味精搅匀备用。

③锅置火上，注油烧热，将备好的鸡蛋液入锅中煎至两面金黄色，切好装盘，撒上葱花即可。

# 鸡蛋盒

 鸡蛋3个，火腿、金针菇、胡萝卜各50克

 盐3克，味精1克，香油、食用油各少许

 ①鸡蛋煮熟去壳，用刀对半切开，去掉蛋黄；火腿、金针菇、胡萝卜洗净均切成碎末。

②锅内油烧热，下火腿碎、金针菇碎、胡萝卜碎翻炒至熟，加盐调味后盛起，将炒熟的食材放入去掉蛋黄的鸡蛋中，再入蒸锅蒸熟，取出淋上香油即可。

## 虾仁炒蛋

 河虾100克，鸡蛋5个，春菜少许

 盐2克，水淀粉10克，鸡精少许

做法 ①河虾洗净去壳，取出虾仁，装碗内，调入少许水淀粉、盐、鸡精拌匀，备用；春菜洗净，去叶留茎切片。
②鸡蛋打入碗内，调入盐搅拌均匀备用。
③油烧热，锅底倒入蛋液，稍煎片刻，放入春菜、虾仁，略炒至熟，出锅即可。

## 干贝芙蓉蛋

 鸡蛋2个，南瓜50克，彩椒75克，干贝20克

 盐3克，鸡粉、胡椒粉、香油各少许

 ①洗好的彩椒切丁；洗净去皮的南瓜切菱形片；干贝洗净压碎；鸡蛋取蛋清加盐、鸡粉、胡椒粉、香油、清水调匀。
②锅注水烧开，放盐、南瓜、彩椒拌匀，煮1分钟捞出。
③将蛋清放入蒸锅，小火蒸8分钟，放上彩椒、南瓜、干贝用大火蒸2分钟即可。

## 银芽炒鸡蛋

 鸡蛋4个，银芽、粉丝各10克

 盐2克，老抽、香油各5克，食用油适量

做法 ①粉丝泡发切断；银芽洗净；鸡蛋打入碗内，取出蛋黄装入另一碗内，调入盐拌匀。
②油烧热，下入粉丝，加入盐、老抽把粉丝炒干，盛出。
③净锅上火，油烧热，加入调好的蛋液，炒熟后下粉丝、银芽、香油拌炒匀，装盘即可。

**原料** 鸡蛋8个，蘑菇3个，袖珍菇、金针菇、西蓝花、鱿鱼、火腿各适量

 **调料** 胡椒粉3克，盐4克

 **做法** ①所有原材料（鸡蛋除外）洗净后，全部切成末；鸡蛋煮熟，去蛋壳，掏去蛋黄。

②油烧热，放入所有切末的原材料炒熟，加入盐、胡椒粉调味，盛起，装入掏空的蛋中，入锅蒸10分钟，周围摆上西蓝花作装饰即可。

## 蛋里藏珍

## 蛋白炒瓜皮

 **原料** 苦瓜500克，鸡蛋5个

 **调料** 盐2克

 **做法** ①苦瓜洗净，取皮切片，焯水；鸡蛋取出蛋清，调入盐搅打匀。

②净锅上火，放适量油烧热，放蛋清，翻炒至熟盛出。

③锅注油烧热，下入苦瓜皮，翻炒熟，加入蛋白炒匀，盛出装盘，放上装饰即可。

 **原料** 鸡蛋2个，枸杞5克

 **调料** 鲜奶油100克，白糖、香菜叶各适量

 **做法** ①鸡蛋打入碗中，加少许清水搅成蛋液；枸杞泡发洗净，入沸水中焯透捞出备用。

②鸡蛋入蒸锅蒸10分钟，取出；鲜奶油倒入碗中，加白糖搅拌均匀。

③将奶油倒在蒸蛋上，用枸杞、香菜叶装饰点缀即可。

## 雪花蛋露

鹌鹑蛋

## 健脑益智功效

鹌鹑蛋被认为是"蛋中的人参"，是滋补食疗的绝佳美味。鹌鹑蛋中氨基酸的种类齐全，含量丰富。

鹌鹑蛋中的蛋白质、脑磷脂、卵磷脂、铁、维生素等成分，对于人类特别是儿童的智力发育，有着非常好的促进作用。

中医认为，鹌鹑蛋性平、味甘，有补血益气、健脑益智、丰泽肌肤、降低血压、缓解失眠、预防心血管疾病的作用。

## 食用注意

☞鹌鹑蛋不要与香菇、猪肝、螃蟹等食材一起烹饪。

☞鹌鹑蛋的营养价值很高，但不能用来代替其他蛋类。

☞优质鹌鹑蛋色泽鲜艳、壳硬，蛋黄呈深黄色，蛋白黏稠。

# ⓖ 鹌鹑蛋焖鸭

**原料** 鸭肉、鹌鹑蛋各适量，草菇、胡萝卜各少许

**调料** 葱段、姜片、料酒、盐、香油、水淀粉、食用油各适量

**做法** ①鸭肉洗净，剁成块，放入沸水汆去血水；胡萝卜洗净削成小球；鹌鹑蛋煮熟，剥去蛋壳；草菇洗净。

②锅中油烧热，下入姜片、葱段爆香，加入鸭肉块、草菇、胡萝卜球炒熟，调入料酒和盐，加入鹌鹑蛋，用少许水淀粉勾芡，淋入香油起锅即可。

# 卤味鹌鹑蛋

 **原料** 鹌鹑蛋500克，葱花少许

 **调料** 盐、桂皮、八角、花椒、辣椒油各适量

 **做法** ①将备好的鹌鹑蛋用清水洗刷干净表皮，放入沸水锅中，煮至鹌鹑蛋熟透，取出，剥去外壳。
②将八角、桂皮、花椒均用清水冲洗干净，和鹌鹑蛋一起入锅煮半小时。
③将煮好的鹌鹑蛋加入盐、辣椒油一起拌匀，撒上葱花即可。

# 鹌鹑蛋烧豆腐

 **原料** 熟鹌鹑蛋150克，豆腐200克，葱花少许

 **调料** 盐、鸡粉、生抽、老抽、豆瓣酱、水淀粉、食用油各适量

 **做法** ①豆腐洗净切小块；锅注水烧开，加盐、食用油、豆腐块，煮约1分钟。
②用油起锅，放入去壳的鹌鹑蛋，淋入老抽炒匀。
③倒入清水、豆瓣酱、鸡粉、盐、生抽、豆腐块拌匀，煮约1分钟。
④倒入水淀粉勾芡，撒入葱花炒匀即成。

## 茄汁鹌鹑蛋

 鹌鹑蛋适量

 番茄汁20克，盐、生粉、食用油各适量，白糖3克

 ①鹌鹑蛋入沸水中煮熟，捞出后入冷水中过凉，剥壳。

②将剥壳的鹌鹑蛋裹上生粉，入油锅中炸至金黄色，捞出沥油。

③锅留底油，下入番茄汁，加盐、白糖翻炒匀，加入炸好的鹌鹑蛋，炒至番茄汁裹在鹌鹑蛋上即可。

## 黄瓜鹌鹑蛋

 黄瓜、鹌鹑蛋各适量

 盐、胡椒粉、辣椒油、料酒、生抽、水淀粉各适量

 ①黄瓜洗净，切块。

②鹌鹑蛋入锅煮熟，去掉壳，放入碗内，加入黄瓜块，调入生抽和盐，入蒸锅蒸10分钟取出。

③炒锅置火上，加料酒烧开，加盐、辣椒油、胡椒粉炒匀，用水淀粉勾薄芡后淋入碗中即可。

## 鲜菇烩鹌鹑蛋

 熟鹌鹑蛋100克，鲜香菇75克，口蘑70克，姜片、葱段各少许

 盐3克，鸡粉2克，蚝油7克，料酒8克，水淀粉、食用油各适量

做法 ①洗净的口蘑、香菇均切小块。

②锅注水烧开，放盐、食用油、口蘑、香菇拌匀，大火煮约1分钟捞出。

③用油起锅，放姜片、葱段爆香，倒入口蘑、香菇略炒，放入熟鹌鹑蛋、料酒炒香，转小火放蚝油、盐、鸡粉炒匀，注水煮沸，倒入水淀粉勾芡即成。

## 剁椒鹌鹑蛋

**原料** 鹌鹑皮蛋300克，剁椒、蒜各20克

**调料** 盐、鸡精、酱油、香油、食用油各适量

**做法** ①鹌鹑皮蛋洗净，去掉外壳，备用；剁椒洗净，切成片；蒜去皮洗净，切成片。
②热锅下油，放入剁椒片和蒜片炒香，加盐、鸡精、酱油、香油调成味汁。
③将味汁淋在皮蛋上即可。

## 西蓝花鹌鹑蛋

**原料** 水发银耳200克，西蓝花100克，熟鹌鹑蛋150克

**调料** 食粉、盐、鸡粉各4克，白糖3克，生抽4克，料酒、水淀粉、食用油各适量

**做法** ①西蓝花洗净切朵；银耳去根切块，入开水中煮1分钟捞出，再加食用油、盐、西蓝花煮约1分钟，摆在盘中间。
②起油锅，加银耳、料酒、清水、盐、鸡粉小火煮2分钟，倒水淀粉勾芡，盛在盘边。
③起油锅，加鹌鹑蛋、料酒、生抽、盐、鸡粉、白糖炒匀，倒水淀粉勾芡，摆在西蓝花上。

## 五香鹌鹑蛋

**原料** 熟鹌鹑蛋300克，香叶2克，桂皮4克，八角5克

**调料** 盐4克，老抽5克，五香粉2克

**做法** ①锅注水烧开，放入洗净的香叶、桂皮、八角，中小火煮5分钟，撒入五香粉。
②加盐、老抽、熟鹌鹑蛋，转小火，轻轻拍打鹌鹑蛋至蛋壳碎裂，以便煮卤得更入味。
③用小火卤制约10分钟，捞出鹌鹑蛋，沥干汁水后装在盘中，浇上少许卤汁即可。

鸽肉

## 健脑益智功效

　　鸽肉的蛋白质含量高，而脂肪含量较低，在兽禽动物肉食中最适宜人类食用。此外，鸽肉中的钙、铁、铜等元素及维生素A、B族维生素、维生素E的含量比较高。鸽肉中还含有丰富的泛酸，对脱发、白发和未老先衰等有很好的疗效。

　　鸽骨内含有丰富的软骨素，可与鹿茸中的软骨素相媲美，经常食用，具有改善皮肤细胞活力，增强皮肤弹性，改善血液循环，面色红润等功效。鸽肉含有较多的支链氨基酸和精氨酸，可促进体内蛋白质的合成，并且对于促进大脑的发育极为有利。经常食用鸽肉可健脑益智、强身健体、补肾壮阳、美容养颜。

## 食用注意

☞鸽肉比较鲜嫩，最好是采用炖煮的方式来烹饪。

☞鸽肉不宜与木耳一起烹饪，否则易导致面生黑斑。

☞肾衰竭者不宜食用鸽肉。

## 🍲 香菇蒸鸽子

**原料** 鸽肉350克，香菇、红枣各30克，姜片、葱花少许

**调料** 盐、鸡粉各2克，水淀粉10克，生抽4克，料酒5克，香油、食用油各适量

**做法** ①香菇洗净切片；红枣洗净去核；鸽肉洗净斩块，加鸡粉、盐、生抽、料酒拌匀，放姜片、红枣、香菇、水淀粉、香油腌入味，放蒸盘中。

②蒸锅上火烧开，放入蒸盘，用中火蒸约15分钟至食材熟透。

③取出蒸盘，撒上葱花，浇上热油即成。

# 脆皮乳鸽

原料 乳鸽2只

调料 白卤水、糖色、食用油各适量

做法 ①将乳鸽处理好，洗净，入沸水锅中汆去血水，沥干水分，放入白卤水中卤熟。
②用开水冲净乳鸽表皮，擦干水分，挂糖色，吹干。
③将食用油烧至六成热，把乳鸽放入油锅中，炸至呈枣红色时捞出，改刀装盘，放上装饰即可。

# 辣炒乳鸽

原料 乳鸽2只，青椒片、红椒片各60克

调料 盐、味精、香油、酱油、水淀粉、葱末、姜末、蒜末、干辣椒段、料酒、高汤、白糖、食用油各适量

做法 ①乳鸽洗净切块，汆水。
②热锅注油，煸香葱末、姜末、蒜末和干辣椒段，放入乳鸽块、高汤、盐、酱油、料酒和白糖炖熟。
③放青椒片、红椒片、味精拌炒匀，用水淀粉勾薄芡，淋入香油炒匀即可。

鹌鹑

## 健脑益智功效

鹌鹑肉是典型的高蛋白、低脂肪、低胆固醇食物。

医界认为，鹌鹑肉适宜于营养不良、体虚乏力、贫血头晕、肾炎水肿、泻痢、高血压、肥胖症、动脉硬化症等患者食用。其所含丰富的卵磷可生成溶血磷脂，有抑制血小板凝聚的作用，可阻止血栓形成，保护血管壁，阻止动脉硬化。

另外，磷脂还是高级神经活动不可缺少的营养物质，具有健脑、益智的作用。

## 食用注意

☞烹饪鹌鹑最好不剥皮，否则会失去皮香肉滑的口感。
☞鹌鹑肉不宜与黄花菜一起烹饪。
☞鹌鹑肉不宜爆炒，否则易导致大量营养元素的流失。

## 尖椒鹌鹑

**原料** 鹌鹑4只，尖椒3个

**调料**  蒜片、姜片、葱段、料酒、盐、酱油、蚝油、水淀粉、食用油各适量

**做法** ①鹌鹑收拾干净剁成块，加入盐、水淀粉拌匀上浆；尖椒洗净切块。
②锅倒油烧热，放鹌鹑块滑熟，盛出；放尖椒炒熟盛出。
③锅留少许油，放蒜片、姜片、葱段爆香，加料酒、盐、酱油、蚝油调成味汁，加入鹌鹑块及尖椒炒入味，用水淀粉勾芡即可。

# 笋尖烧鹌鹑

原料 鹌鹑2只，笋尖300克

调料 葱段、姜片、料酒、酱油、白糖、盐、水淀粉、食用油各适量

做法 ①鹌鹑收拾干净剁块，加盐、水淀粉、料酒拌匀上浆；笋尖去皮洗净，氽水后切片。

②锅里加油烧热，爆香葱段、姜片，再放鹌鹑块炒出香味，放入料酒、笋片、酱油、白糖、盐炒匀，加少许清水，烧沸后转小火煮至鹌鹑熟，用水淀粉勾芡，以大火收汁即可。

# 白果炒鹌鹑

原料 白果50克，鹌鹑肉150克，青椒丁80克，红椒丁80克，蘑菇丁50克

调料 盐、味精、白糖、香油、姜末、葱段、食用油各少许

做法 ①鹌鹑肉洗净切丁，腌渍。

②白果洗净装碗，加清水浸过面，入笼蒸透。

③爆香姜末，放入鹌鹑肉丁、蘑菇丁、白果、青椒丁、红椒丁，调入盐、味精、白糖、葱段炒香，淋入香油即成。

## 健脑益智功效

　　现代研究认为，鸡肉中氨基酸的组成与人体需要的十分接近，同时它所含有的脂肪酸多为不饱和脂肪酸，极易被人体吸收，有促进大脑发育之功效。此外，鸡肉含有的多种维生素、钙、磷、锌、铁、镁等成分，也是人体生长发育所必需的，对儿童的成长和智力发育有重要作用。经常食用鸡肉可补充人体所需的大量优质蛋白质、维生素和矿物质元素等成分，可起到增强免疫力、促进消化、改善疲劳、延年益寿的功效。

## 食用注意

☞鸡肉不宜与李子一同烹饪。

☞食用鸡肉后不宜立即饮用菊花茶。

☞感冒发热、内火偏旺、痰湿偏重、肥胖者忌食。

## 口水鸡

 **原料** 鸡肉750克，葱末20克，姜末10克，蒜蓉5克

 **调料** 盐、味精各3克，辣椒油6克，辣椒酱、芝麻酱各8克，熟芝麻5克，高汤、香菜叶各适量

 **做法** ①鸡肉洗净，放入水中用小火煮至熟，捞出。

②将熟鸡肉切成小块装盘，浇入少许高汤。

③将切好的葱末、姜末、蒜蓉和所有调味料一起拌匀，浇在鸡块上，撒上香菜叶即可。

# 🥄 鸡丝豆腐

 **原料** 豆腐150克，熟鸡肉25克

 **调料** 香菜、花生米、红椒、盐、熟芝麻、辣椒油、葱花、食用油各适量

**做法** ①豆腐洗净，入水中余烫，切成片，装盘；熟鸡肉洗净，撕成丝装盘；香菜洗净装盘；花生米洗净；红椒洗净，切成丁。
②锅注油烧热，下入花生米炸熟，捞出装盘。
③把所有调味料和红椒混合搅拌，调成味汁，淋在鸡丝、豆腐片上，撒上葱花即可。

# 🥄 荷叶蒸鸡

 **原料** 鸡1只，红枣20克，枸杞15克，荷叶1张

 **调料** 盐、味精、水淀粉、葱、蛋清、蚝油、姜各适量

 **做法** ①鸡收拾干净，斩成块状；姜去皮洗净，切末；红枣、枸杞泡发；荷叶洗净泡软；葱洗净，切葱花。
②将鸡块放入碗中，加入水淀粉、蚝油、盐、味精、蛋清、姜末拌匀，腌15分钟至入味。
③荷叶放入盘中，倒入腌好的鸡块，放上红枣、枸杞入蒸锅蒸30分钟，撒上葱花即可。

## 茶树菇炒鸡丝

 **原料** 鸡脯肉400克，茶树菇、鸡蛋清、青椒丝、红椒丝各适量

 **调料** 盐、味精、料酒、砂糖、清汤、水淀粉、生粉、食用油各适量

**做法** ①鸡脯肉洗净，切成细丝，用蛋清、盐、水和生粉拌匀；将料酒、盐、清汤、砂糖、水淀粉兑成汁；茶树菇用水泡透，洗净。
②起油锅，倒入鸡丝滑散，放入茶树菇、青椒丝、红椒丝略炒，倒入兑好的汁，翻炒熟即可起锅。

---

 **原料** 鸡肉350克，干辣椒、花生米、香菜、红椒各适量

 **调料** 盐、鸡精、辣椒油、食用油各适量

 **做法** ①将鸡肉洗净，切块；干辣椒洗净，入油锅炸香，备用；花生米入油锅炸香，去皮；红椒去蒂洗净，切圈。
②热锅下油，下入鸡块炒至发白，放入红椒、花生米炒熟，调入盐、鸡精、辣椒油，炒匀即可盛盘，将干辣椒在旁边摆圈，撒上香菜即可。

## 渝州少妇鸡

---

## 鸡丝海蜇

 **原料** 鸡肉200克，海蜇100克，香菜梗、红椒、葱花、姜丝各适量

**调料** 盐、味精、鸡精各3克，香油、辣椒油各适量

**做法** ①将鸡肉洗净，放入水中煮熟后，捞出撕成丝，加入盐、味精、鸡精拌匀。
②将海蜇洗净切丝入沸水中稍焯后，捞出，加入香菜梗、葱花、姜丝、辣椒油、香油拌匀。
③再将鸡丝放置在海蜇丝上摆好即可。

## 辣子鸡丁

**原料** 鸡胸肉220克，小黄瓜1根

**调料** 水淀粉5克，糖、盐各3克，花椒5粒、蒜片、红椒片、蛋液各少许，豆瓣酱、米酒、食用油各8克

**做法** ①小黄瓜洗净，切段；鸡肉洗净，切丁，用蛋液、水淀粉拌匀并腌10分钟，放入热油锅中烫炸一下，捞出，沥油。
②锅注油烧热，爆香花椒粒，放入红椒片、蒜片及豆瓣酱、米酒、糖、盐炒香，加入鸡丁、小黄瓜炒至熟，再加入水淀粉勾芡即可。

## 椒麻鸡片

**原料** 鸡胸肉150克，黄瓜片少许

**调料** 盐3克，白糖、辣椒油、芝麻酱各适量，花椒粉、葱末、蒜末、姜片、高汤、米酒、酱油膏、醋各少许

**做法** ①黄瓜片加入盐腌拌5分钟，用清水冲净，沥干后，盛入盘中备用。
②将花椒粉、葱末、蒜末、白糖、芝麻酱、酱油膏、辣椒油、高汤、醋拌成酱料。
③鸡胸肉洗净，切片，放入锅中，加姜片及盐、米酒、水煮熟后捞出，食用时蘸酱料即可。

**原料** 彩椒75克，鸡胸肉110克

**调料** 酱油、水淀粉各8克，胡椒粉、糖各6克，蒜片、蛋液、香油、食用油各少许

**做法** ①彩椒去蒂、籽，洗净，切片；鸡胸肉洗净，切成条。
②鸡肉条放入碗中加入酱油、水淀粉、胡椒粉及少许蛋汁腌拌10分钟。
③锅中倒油烧热，爆香蒜片，放入所有食材及酱油、糖、水炒至熟，淋上香油即可。

## 甜椒炒鸡柳

## 健脑益智功效

猪肝营养丰富，含有蛋白质、脂肪、碳水化合物、钙、磷、铁、锌、维生素$B_1$、维生素$B_2$等营养成分。而蛋白质等成分是构成人体的主要成分之一，是人的生命基础，能使新生的细胞替代老化衰亡的细胞。中医认为，猪肝性温，味甘、苦，归肝经，有改善贫血、强身健体、健脑益智、养肝护肝的作用。

经常食用猪肝还能补充维生素$B_2$，这对补充机体重要的辅酶以及完成机体对一些有毒成分的祛毒过程有着重要作用。

## 食用注意

☞若发现猪肝上面的白点过多，最好不要选购。

☞猪肝不宜置于常温条件下存放过久，否则会受到微生物的污染，食之易中毒。

☞患有高血压、冠心病、肥胖症及血脂高的人忌食猪肝。

# 猪肝拌豆芽

原料 猪肝、绿豆芽各100克，虾米、姜末适量

调料 白糖5克，酱油5克，盐、醋各3克

做法 ①猪肝洗净，切成薄片；绿豆芽择去根洗净，备用；虾米用开水泡软。

②锅中加入清水、盐烧开，将猪肝片和绿豆芽焯熟后捞出，装碗。

③往碗中加入所有调味料及姜末拌匀，撒上虾米即可装盘。

# 猪肝炒木耳

 猪肝180克，水发木耳50克，姜片、蒜末、葱段、食用油各少许

 盐、鸡粉、料酒、生抽、水淀粉、食用油各适量

 ①洗净的木耳切小块；洗好的猪肝切片，加入盐、鸡粉、料酒抓匀，腌渍10分钟。
②锅注水烧开，加盐、木耳块焯水1分钟后捞出。
③用油起锅，放入姜片、蒜末、葱段爆香，倒入猪肝片、料酒炒香，放入木耳块拌炒匀。
④加入盐、鸡粉、生抽调味炒匀，倒入水淀粉勾芡即成。

# 菠菜炒猪肝

 菠菜200克，猪肝180克，红椒10克，姜片、蒜末、葱段各少许

 盐2克，鸡粉3克，料酒7克，水淀粉、食用油各适量

 ①洗净的菠菜切成段；洗好的红椒切块。
②洗净的猪肝切片，放盐、鸡粉、料酒、水淀粉抓匀，加食用油腌渍10分钟。
③用油起锅，放入姜片、蒜末、葱段、红椒块炒香，倒入猪肝片、料酒、菠菜段炒熟。
④加盐、鸡粉炒匀，倒水淀粉勾芡即可。

猪心

## 健脑益智功效

中医认为，猪心性平，味甘咸，归心经，对心脏病、养血安神、补血有较好的食疗功效，常用于改善惊悸、怔忡、自汗、不眠等症。现代医学研究发现，猪心含有蛋白质、脂肪、钙、磷、铁、维生素$B_1$、维生素$B_2$、维生素C以及烟酸等多种营养成分，营养非常丰富，除了传统的营养功效之外，还兼具健脑、补虚、益智的功效。

此外，猪心还含有较多的维生素D和钾等成分，可起到防治佝偻病的作用，还能维持神经和肌肉的正常功能。

## 食用注意

☞红褐色的猪心不要选购，大多是变质或者受污染的食品。

☞猪心胆固醇含量偏高，高胆固醇血症者应忌食。

☞猪心不宜与杏仁一起食用，否则易引起腹胀。

## 夫妻肺片

 **原料** 猪心、猪舌、牛肉各200克，葱花10克，蒜蓉5克

 **调料** 盐4克，味精3克，鸡粉少许，卤水、香菜叶适量

 **做法** ①将猪心、猪舌、牛肉分别洗净，放入开水中焯去血水；再将猪心、猪舌、牛肉放入烧开的卤水中卤至入味，取出切成片。

②将切好的原材料装入碗内，加入葱花、蒜蓉、盐、味精、鸡粉，拌匀，撒上香菜叶即可。

# 酱猪心

 原料 猪心1000克，葱、鲜姜片、大蒜各3克

 调料 盐、花椒、大料各5克，酱油、辣椒油各5克，桂皮3克，丁香2克

做法 ①将猪心洗净，入沸水汆20分钟后捞出；大蒜洗净；葱洗净，一部分切葱花，一部分切葱段。
②把葱段、鲜姜片、大蒜及洗净的花椒、大料、桂皮、丁香同装一洁净布袋内，扎紧袋口后与猪心一同入锅，煮至猪心熟透。
③将猪心切片，拌上盐、酱油、辣椒油和葱花即可。

# 猪心炒包菜

 原料 猪心、包菜各200克，彩椒50克，蒜片、姜片少许

 调料 盐、鸡粉、蚝油各5克，料酒6克，生抽4克，生粉、水淀粉、食用油各适量

 做法 ①彩椒洗净切丝；包菜洗好撕块；猪心洗净切片，加盐、鸡粉、料酒、水淀粉拌匀，腌渍10分钟。
②沸水锅中加盐、食用油、包菜煮半分钟捞出，再放猪心汆至变色。
③用油起锅，放入姜片、蒜片爆香，倒入包菜、猪心、彩椒、蚝油、生抽、盐、鸡粉炒匀调味。
④倒入适量水淀粉勾芡即可。

## 丝瓜炒猪心

**原料** 丝瓜120克，猪心110克，胡萝卜片、姜片、蒜末、葱段各少许

**调料** 盐3克，鸡粉2克，蚝油5克，料酒4克，水淀粉、食用油各适量

**做法**
①猪心洗净切片，加盐、鸡粉、料酒、水淀粉拌匀，腌渍10分钟；丝瓜洗净去皮切块，入沸水锅加油煮约半分钟捞出，再倒入猪心余煮约半分钟捞出。
②用油起锅，倒入胡萝卜片、姜片、蒜末、葱段、丝瓜、猪心、蚝油、鸡粉、盐调味，倒水淀粉勾芡盛盘，放上装饰即成。

---

## 蒜薹炒猪心

**原料** 蒜薹150克，猪心200克，姜片、蒜末、葱白各少许

**调料** 盐、鸡粉各3克，辣椒酱10克，生抽4克，料酒8克，水淀粉、食用油各适量

**做法**
①猪心洗净切块，加盐、生抽、鸡粉、料酒、水淀粉抓匀，腌渍10分钟；蒜薹洗净切段，入沸水锅加油煮约半分钟。
②锅注油烧热，放姜片、蒜末、葱白爆香，放入猪心、料酒炒香，放入蒜薹，炒匀。
③加入适量生抽、盐、鸡粉、少许辣椒酱，拌炒至入味即可。

---

## 黄瓜炒猪心

**原料** 黄瓜、猪心各200克，红椒块15克，姜片、蒜末、葱段各少许

**调料** 盐、鸡粉各4克，辣椒酱10克，生抽、料酒各6克，水淀粉、食用油各适量

**做法**
①黄瓜洗净去皮切块；洗净的红椒去籽切块；洗净的猪心切片，加盐、鸡粉、生抽、料酒、水淀粉抓匀，腌渍10分钟。
②锅注油烧热，放入姜片、蒜末爆香，放入猪心炒至变色。
③加料酒、黄瓜、红椒、盐、鸡粉、生抽、辣椒酱炒匀，撒入葱段炒匀即可。

# 胡萝卜炒猪心

 **原料** 猪心200克，芹菜段50克，胡萝卜丝70克，青椒20克，蒜末、姜片各少许

 **调料** 盐2克，味精2克，料酒、鸡粉、水淀粉、食用油各适量

 **做法** ①青椒洗净切丝；猪心洗净切片，加料酒、盐、味精、水淀粉拌匀，腌渍10分钟；胡萝卜丝入沸水锅中焯烫后捞出；倒入猪心片余去血水。
②锅注油烧热，放入蒜末、姜片、猪心、芹菜、青椒、胡萝卜炒1分钟，加料酒、盐、味精、鸡粉炒匀，用水淀粉勾芡即可。

# 绿豆芽炒猪心

**原料** 绿豆芽100克，猪心150克，青椒片、红椒片、蒜末、姜片、葱段各少许

**调料** 盐、味精、料酒、水淀粉、鸡粉、老抽、食用油各适量

**做法** ①洗好的猪心切片，加盐、味精、料酒、水淀粉拌匀，腌渍10分钟。
②起油锅，倒入洗净的绿豆芽、盐、味精、鸡粉、老抽炒1分钟，加水淀粉勾芡盛盘。
③起油锅，加蒜末、姜片、青椒、红椒、猪心、料酒、盐、味精、鸡粉、老抽炒2分钟，加水淀粉勾芡，撒葱段拌炒匀盛出即成。

# 西芹炒猪心

 **原料** 西芹段、猪心各70克，姜片、葱段各少许

 **调料** 料酒、盐、味精、白糖、水淀粉、食用油各适量

 **做法** ①洗净的猪心切成片，放入盘中，加入料酒、少许盐、味精、水淀粉，腌渍10分钟。
②热锅注油，倒入猪心片翻炒至断生，倒入姜片、葱段、西芹，拌炒至熟，加盐、味精、白糖炒匀调味。
③倒入水淀粉勾芡，盛入盘中即成。

牛奶

## 健脑益智功效

　　牛奶的营养特别丰富，含有丰富的优质蛋白质、脂肪、多种维生素、钙、铁、磷等成分，有强身健体、健脑益智、改善视力、改善睡眠、美容养颜的功效。牛奶中丰富的蛋白质、脂肪、钙是儿童大脑发育不可缺少的营养物质。此外，牛奶中还含牛磺酸，它能诱发细胞产生新的遗传物质和促进细胞的增殖，增强大脑的功能，调节激素的释放，提高脑细胞的活性，增强记忆力。牛奶中的碘、锌和卵磷脂能提高大脑的工作效率。坚持每天喝适量的牛奶，可使脑和神经系统更加健康，从而达到健脑益智、改善记忆的目的。

## 食用注意

　　☞喝牛奶前后一小时左右，不适宜吃橘子。
　　☞没喝完的牛奶应冷藏，不宜长时间置于常温环境中。
　　☞患胃炎、十二指肠溃疡、溃疡性结肠炎、胆囊炎等消化道疾病的人最好不要喝牛奶。

## 大良炒牛奶

**原料** 牛奶150克，鸡蛋2个，虾仁、北杏仁、熟鸡肝、火腿、西红柿片各少许

**调料** 盐、鸡粉、生粉各3克，水淀粉、食用油各适量

**做法** ①鸡肝切丁；火腿切粒；虾仁洗净，加盐、鸡粉、水淀粉拌匀；鸡蛋取蛋清。
②部分牛奶加生粉调匀，加剩余的牛奶、蛋清、盐、鸡粉调匀。
③净杏仁入油锅炸至金黄色捞出；火腿、鸡肝、虾仁均炸香。
④锅底留油，加牛奶、鸡肝和虾仁炒匀盛出，撒上杏仁、火腿粒，用西红柿摆盘即可。

# 奶香口蘑烧花菜

 **原料** 花菜、西蓝花各180克，口蘑、牛奶各100克

 **调料** 盐3克，鸡粉2克，料酒5克，水淀粉、食用油各适量

 **做法** ①洗净的花菜、西蓝花均切朵；洗净的口蘑打上十字花刀。
②锅注水烧开，加盐、口蘑煮约1分钟，加食用油、花菜、西蓝花续煮约1分钟。
③用油起锅，倒入焯煮好的食材炒匀，加入料酒炒香，加水、牛奶炒熟。
④转小火，加盐、鸡粉炒至入味，倒入水淀粉勾芡即成。

# 鲜奶炖蛋

 **原料** 鸡蛋2个，牛奶150克

 **调料** 冰糖20克，香菜叶少许

 **做法** ①将鸡蛋打入碗中，快速搅散，再加入冰糖，沿同一方向搅拌至糖分融化。
②倒入牛奶匀速地搅拌片刻，制成蛋液，将搅好的蛋液倒入碗中，再将碗放入烧开的蒸锅中。
③盖上锅盖，大火蒸约10分钟至食材熟透。
④关火后揭开盖，取出蒸好的蛋羹，放上香菜叶即可。

牛肉

## 健脑益智功效

牛肉含有丰富的氨基酸，其氨基酸含量比其他任何食物都高。氨基酸是大脑的主要组成成分，其含量的多少决定了人的智力和记忆力的高低。另外，牛肉还含有丰富的维生素以及锌、镁、铁等微量元素。铁参与了给人体各个器官输送氧气的过程，若补充不足，不仅能导致贫血症，还会对大脑和中枢神经系统构成严重的负面影响，比如导致智力衰退、神经衰弱等症状。

研究证实，经常食用牛肉，不仅可健脑益智，还对增长肌肉、增强力量、提高抵抗力有很好的疗效。

## 食用注意

☞牛肉不宜与田螺一同烹饪。

☞炒牛肉不能加碱，会破坏营养成分。

☞患感染性疾病、肝病、肾病的人慎食牛肉。

## 麻辣牛肉

 **原料** 牛肉300克，葱花10克，蒜末、生姜丝各5克

 **调料** 花椒油5克，辣椒油、盐各4克，味精3克，卤水、香油各适量

 **做法** ①将牛肉洗净入沸水中焯去血水，再入卤水中卤至入味，捞出。
②卤入味的牛肉块待冷却后切成薄片。
③将牛肉片装入碗内，加入所有调味料和生姜丝、蒜末一起拌匀即可。

# 西红柿焖牛肉

 西红柿300克，牛肉500克，葱段少许

 料酒、盐、味精各适量

 ①将西红柿、牛肉分别洗净，西红柿切块，牛肉切薄片。
②将牛肉放入锅内，加入清水，用旺火烧开，撇去浮沫，放入料酒、葱段焖煮。
③待牛肉将要熟透时，放入西红柿块，加入盐、味精调味，略煮片刻即可。

# 香味牛方

 牛肉、上海青各500克

 盐、香油、酱油、笋片、姜片、丁香、食用油各适量

 ①牛肉洗净，切块，抹一层酱油；上海青洗净，焯水后摆盘。
②油锅烧热，放入牛肉块，将两面煎成金黄色，加笋片、姜片、丁香、酱油、清水，加盖烧3小时，待牛肉熟烂、汤汁稠浓时，取出丁香，放入盐、香油调味，起锅摆盘即可。

## 胡萝卜焖牛杂

 胡萝卜50克，牛肚、牛心、牛肠各20克

 盐、味精、鸡精、糖、香油、蚝油、辣椒酱各适量

 ①将牛肚、牛肠、牛心收拾干净，煮熟后切段；胡萝卜洗净切成三角形状，下锅焖煮。
②待胡萝卜快熟时倒入其他材料及调味料焖熟，起锅后蘸辣椒酱食用。

## 荔芋牛肉煲

 牛肉250克，荔浦芋头、生菜、葱段各适量

 酱油10克，盐3克，食用油适量

 ①牛肉洗净，切块，用盐腌渍10分钟；荔浦芋头入蒸锅中蒸2分钟，去皮，洗净，切块；生菜洗净。
②油锅烧热，放入牛肉、芋头过油，捞出。
③砂锅烧热，放入生菜、牛肉、芋头、酱油和适量水煮开，放葱、盐即可。

## 一品牛肉爽

 牛肉350克

葱、红椒各50克，盐、鸡精、香油、料酒、酱油、八角、熟芝麻、食用油各适量

 ①牛肉洗净切片，用盐、料酒腌至入味；葱洗净切花；红椒洗净切圈。
②油锅烧热，放入红椒圈、八角炒香，下牛肉片炒熟，调入鸡精、香油、酱油，炒匀装盘，撒上熟芝麻和葱花即可。

**原料** 芥蓝190克，牛肉110克，蒜末、蛋汁各适量

 **调料** 酱油、蚝油、胡椒粉、水淀粉、盐、高汤、香油、食用油合适量

 **做法** ①芥蓝梗洗净切片，焯水，摆盘边；芥蓝叶洗净切段，焯水后垫入盘中。
②牛肉洗净切片，加酱油、胡椒粉、水淀粉及蛋汁腌拌，入热油锅滑熟，捞出。
③锅入油烧热，爆香蒜末，加高汤、蚝油、盐、酱油煮开，放牛肉炒至食材熟透，用水淀粉勾芡，淋上香油，装盘即可。

# 蚝油芥蓝牛肉

# 柠檬胡椒牛肉

 **原料** 牛肉200克，柠檬70克，洋葱、彩椒各50克，黑胡椒粒10克，姜片、蒜末、葱段各少许

 **调料** 盐、鸡粉各3克，水淀粉、蚝油、料酒、生抽各5克，食用油适量

 **做法** ①柠檬、彩椒、洋葱洗净切片；牛肉洗净切片，加生抽、鸡粉、盐、水淀粉拌匀，腌渍10分钟。
②起油锅，放姜片、蒜末、葱段爆香，倒入彩椒、洋葱、柠檬、牛肉、料酒、鸡粉、盐、生抽、蚝油炒匀，撒黑胡椒粒炒匀即可。

 **原料** 牛肉丝110克，蛋液70克，豆干2片，青椒丝、红椒丝、姜丝、木瓜粉各适量

 **调料** 米酒10克，水淀粉10克，酱油8克，香油6克，食用油适量

 **做法** ①豆干洗净切丝；牛肉丝加木瓜粉、米酒、水淀粉及蛋汁腌拌15分钟。
②锅中倒油烧热，分别放入牛肉丝及豆干丝略烫捞出，沥油。
③锅中留油加热，爆香青椒丝、红椒丝和姜丝，放入牛肉丝、豆干丝、水、酱油，炒至水分快干时，淋上香油，即可。

 # 青椒豆干牛肉

## 健脑益智功效

　　鲫鱼肉质细嫩，肉味甜美，营养价值很高，含有蛋白质、脂肪、磷、钙、铁、维生素A、B族维生素、维生素D、维生素E、卵磷脂等成分。此外，鱼脑含有大量的脑磷脂和卵磷脂，其中又以鱼脑髓最佳。因为鱼脑中的鱼油含有两种不饱和脂肪酸——二十碳五烯酸和二十二碳六烯酸，这两种物质对人体大脑细胞，尤其是脑神经传导和突角的生长发育有着极其重要的作用。养生学认为，经常食用鲫鱼可起到健脑益智、美容养颜、防治心血管疾病、延年益寿的作用。

## 食用注意

☞鲫鱼不宜与蜂蜜一同烹饪。

☞食用完鲫鱼后，不宜立即食用葡萄。

☞高血脂、胆固醇患者忌食。

## 红烧鲫鱼

**原料** 鲫鱼1条，红椒丁20克

**调料** 姜末、蒜末、葱段、盐、酱油、醋、黄酒、食用油各适量

**做法** ①将鲫鱼去鳞洗净，在背上划上花刀，加盐腌渍。
②锅入油烧热，把鱼放入锅中煎炸后捞出，放上少许姜末。
③将红椒丁、蒜末放入油中煎香，再放入鲫鱼，加入少量的水煮熟。
④最后放入少量的黄酒、酱油、盐和醋调味，撒上葱段即可。

## 香菜烤鲫鱼

 **原料** 鲫鱼500克，香菜50克，竹签数根

 **调料** 盐、鸡精各3克，香油、辣椒粉各适量

**做法** ①将鲫鱼刮去鱼鳞、去除内脏，用清水洗净，两面打上花刀；香菜择洗净，切碎，塞入鲫鱼肚子里。
②在处理好的鲫鱼两面依次抹上盐、鸡精、辣椒粉、香油，用竹签串起，放入微波炉烘烤。
③烤3分钟至熟，取出装入盘中点缀好即可。

## 鲫鱼蒸田螺

 **原料** 鲫鱼1条，田螺、五花肉、洋葱圈各适量

 **调料** 料酒、盐、酱油、葱花、辣椒圈各适量

 **做法** ①鲫鱼去鳞和内脏，洗净，用料酒腌渍；田螺洗净，入沸水烫熟，捞出沥水；五花肉洗净，切片。
②将鲫鱼、田螺、五花肉摆盘，放入蒸锅中蒸15分钟，取出。
③用盐、酱油调成味汁，淋入盘中，撒上辣椒圈、洋葱圈、葱花即可。

## 香葱烤鲫鱼

 原料 鲫鱼2条，葱50克

 调料 盐3克，醋8克，酱油15克，香油、水淀粉、料酒各少许

 做法 ①葱洗净，取葱叶切成长段，用沸水焯一下，捞起沥干备用；鲫鱼去鳞和内脏，洗净，加入盐、酱油、料酒腌渍，在鱼身上撒上葱段。
②将酱油、盐、醋、香油调匀，用水淀粉勾芡，淋在鱼身上入微波炉烤熟，取出后放上装饰即可。

 原料 鲫鱼3条，红椒适量，窝头8个，红枣8颗

 调料 盐3克，香葱20克，酱油、白糖、料酒、食用油各适量

 做法 ①葱洗净；红椒洗净切丝；红枣洗净后放在窝头上，入屉蒸熟；鲫鱼去鳞和内脏，洗净。
②油锅烧热，放入鲫鱼煎透，捞出沥油。
③锅留油烧热，放适量清水、盐、酱油、白糖、料酒、鲫鱼炖30分钟，放葱、红椒，稍煮后装盘，将窝头摆盘即成。

## 窝头烧鲫鱼

## 醋焖鲫鱼

 原料 鲫鱼350克，花椒、姜片、蒜末、葱段各少许

调料 生抽5克，陈醋10克，白糖、盐、鸡粉、老抽、水淀粉、生粉、食用油各适量

 做法 ①鲫鱼收拾干净，依次加盐、生抽抹匀，用生粉裹匀腌渍片刻。
②热锅注油烧热，放鲫鱼炸至金黄色。
③锅留油烧热，放花椒、姜片、蒜末、葱段、清水、生抽、白糖、盐、鸡粉、陈醋煮沸，倒入鲫鱼、老抽小火煮约1分钟装盘。
④汤烧热加水淀粉勾芡，浇在鱼身上即成。

原料 鲫鱼500克，葱花10克，豆豉5克，姜片少许

 调料 盐3克，鸡粉1克，蚝油2克，白糖1克，水淀粉、食用油各适量

 做法
①鲫鱼收拾干净切两段，撒盐腌渍。
②往碗中加入豆豉、姜片、蚝油、鸡粉、盐、白糖、食用油、水淀粉拌匀，铺在鲫鱼上，放入炖盅内加盖。
③选择炖盅"家常"功能中的"鱼类"模式，蒸15分钟。
④揭盖，加入葱花加盖，再蒸1分钟即可。

## 豆豉小葱蒸鲫鱼

## 清蒸鲫鱼

 原料 鲫鱼400克，葱丝、红椒丝、姜丝、姜片、葱条各少许

 调料 盐3克，蒸鱼豉油、胡椒粉各适量

做法
①洗净的葱条垫盘，放上宰杀洗净的鲫鱼、姜片、盐，腌渍片刻。
②将盘放入蒸锅，用中火蒸5分钟取出，拣去姜片和葱条，撒上姜丝、葱丝、红椒丝、胡椒粉、热油。
③另起锅，倒入蒸鱼豉油烧热，淋在鱼上即成。

 原料 鲫鱼400克，山药80克，葱条、姜片各20克，葱花、枸杞各少许

 调料 盐、鸡粉各2克，料酒8克

 做法
①洗净去皮的山药切成粒；处理干净的鲫鱼两面切上一字花刀；枸杞洗净。
②鲫鱼加姜片、葱条、料酒、盐、鸡粉拌匀，腌渍15分钟装盘，撒上山药粒，放入烧开的蒸锅中，用大火蒸10分钟。
③取出鲫鱼，拣去姜片，撒上适量葱花、枸杞即可。

## 山药蒸鲫鱼

## 健脑益智功效

鲤鱼含蛋白质、脂肪、维生素A、维生素B_1、维生素B_2、维生素C等成分。鲤鱼肉易被人体消化，其大量的营养成分容易被人体吸收。其优质的蛋白质对大脑神经起着重要的调节作用，决定大脑的发育程度。鲤鱼还含有重要的脂肪成分，比如EPA的含量就比较丰富，它进入人体后可以促进循环系统的健康，对大脑神经的生长和发育也有着维护的作用。此外，经常食用鲤鱼等含有优质蛋白质和脂肪类物质的鱼类，不但能健脑益智，还可以健脾开胃、消肿利尿、止咳消肿、安胎通乳、清热解毒。

## 食用注意

☞鲤鱼两侧皮内有一条似白线的筋，在烹制前要把它抽出，这样可去除它的腥味。

☞红斑狼疮、荨麻疹、支气管哮喘、腮腺炎、血栓闭塞性脉管炎、恶性肿瘤、淋巴结核、皮肤湿疹等病症患者不宜食用。

## Ⓖ 紫苏烧鲤鱼

**原料** 鲤鱼1条，紫苏叶30克，姜片、蒜末、葱段各少许

**调料** 盐、鸡粉各4克，生抽5克，水淀粉10克，香菜叶、食用油各少许

**做法** ①洗净的紫苏叶切成段。
②处理好的鲤鱼洗净，撒上盐、鸡粉、水淀粉腌渍片刻，入油锅炸至金黄色。
③锅留底油，放入姜片、蒜末、葱段爆香，加水、生抽、盐、鸡粉、鲤鱼、紫苏煮2分钟捞出。
④把锅中的汤汁加热，淋入水淀粉勾芡，浇在鱼身上，撒上香菜叶即可。

# 豉油蒸鲤鱼

 **原料** 净鲤鱼300克,姜片20克,葱条15克,彩椒丝、姜丝、葱丝各少许

**调料** 盐3克,胡椒粉2克,蒸鱼豉油15克,食用油适量

**做法** ①葱条洗净;取一蒸盘,放上葱条、处理好的鲤鱼、姜片、盐腌渍一会儿。
②蒸锅上火烧开,放入蒸盘盖上盖,用大火蒸约7分钟,取出蒸好的鲤鱼。
③拣去姜片、葱条,撒上姜丝、彩椒丝、葱丝、胡椒粉、热油。
④最后淋入适量蒸鱼豉油即成。

# 黄花菜木耳烧鲤鱼

 **原料** 净鲤鱼400克,黄花菜100克,木耳40克,八角、香叶、姜丝、葱段各少许

 **调料** 胡椒粉、鸡粉、白糖、盐各少许,生抽、料酒各5克,香油、食用油各适量

 **做法** ①木耳洗净切块;黄花菜洗好去蒂;鲤鱼切花刀,入油锅中小火煎至焦黄色;黄花菜、木耳入沸水锅煮半分钟。
②锅注油烧热,放姜丝、葱段、八角、香叶、黄花菜和木耳炒匀,加料酒、清水、鲤鱼煮沸,加盐、生抽、鸡粉、白糖小火煮3分钟,撒胡椒粉、淋入香油即可。

鳙鱼

## 健脑益智功效

鳙鱼肉吸收率可达96％。鱼肉中维生素A、维生素D及矿物质元素钙、磷含量较高，并含有蛋白质、脂肪、烟酸、维生素$B_1$、维生素$B_2$以及能降低胆固醇的不饱和脂肪酸。鳙鱼头含有丰富的卵磷脂，具有改善记忆力的作用。

中医认为，鳙鱼性温，味甘，能起到暖胃补虚、化痰平喘的作用，适用于脾胃虚寒、痰多、咳嗽等症状。现代医学证实，经常食用鳙鱼对于智力发育、补脑健脑、增强记忆力极为有利，同时还可起到润泽肌肤、延年益寿的作用。

## 食用注意

☞鳙鱼不宜与西红柿一同烹饪。

☞鳙鱼鱼胆有毒，不宜生食。

☞鳙鱼不宜食用过多，否则易引发疮疖。

## 木耳炒鱼片

 **原料** 鳙鱼肉120克，水发木耳、红椒各40克，姜片、葱段、蒜末各少许

 **调料** 盐3克，鸡粉2克，生抽、料酒、水淀粉、食用油各适量

**做法** ①木耳洗净，切小块；红椒洗净，切小块；鳙鱼肉洗净，切片，加鸡粉、盐、水淀粉，拌匀上浆，腌渍10分钟，再入油锅滑油。

②锅底留油，放入姜片、蒜末、葱段爆香，倒入红椒块，放入木耳炒匀，倒入鱼片，淋入料酒。

③加鸡粉、盐、生抽、水淀粉，翻炒至食材全部熟透即成。

## 粉条蒸鱼头

 **原料** 鳙鱼头800克，粉条100克

 **调料** 盐3克，开胃料30克，红椒、料酒、香葱各适量

**做法** ①鱼头剖开，用清水冲洗干净，加入适量的盐、料酒抹匀，腌渍至入味；红椒洗净，切成圈；香葱洗净，切葱花；粉条用水洗净，发好。

②取一个大盘子，铺上发好的粉条，再摆入腌渍好的鱼头，再撒上备好的开胃料、红椒。

③蒸锅上火，加水烧开，放入蒸盘，大火蒸15分钟至鱼熟透，取出撒上葱花即成。

## 豆瓣烧鱼尾

 **原料** 净鳙鱼尾150克，姜丝、蒜末、葱花各少许

 **调料** 盐、鸡粉、豆瓣酱、料酒、生抽、老抽、生粉、水淀粉、食用油各适量

**做法** ①鱼切花刀，加盐、生抽、料酒、鸡粉、生粉抹匀，入油锅炸至金黄色。

②锅底留油，倒入姜丝、蒜末、料酒、清水、生抽、豆瓣酱、盐、鸡粉、老抽煮沸，放入鱼尾，煮2分钟盛出。

③汤汁留锅，倒水淀粉勾芡，浇在鱼尾上，撒上葱花即可。

草

鱼

## 健脑益智功效

　　草鱼含有蛋白质、脂肪、钙、磷、硒、铁，维生素A、维生素B$_1$、维生素B$_2$、维生素C等成分。脂肪对于大脑的复杂、精巧功能方面具有重要作用，可促进脑细胞发育和神经纤维髓鞘的形成，并保证它们的良好功能。而蛋白质对于脑部的发育起着决定性的作用，特别是对成长期的婴幼儿来说，稍有缺乏即有可能造成智力障碍等症状的出现。草鱼还含有脑磷脂和卵磷脂成分，它们是神经系统所需要的重要物质，能延缓脑功能衰退，抑制血小板凝集，防止脑血栓形成。常食草鱼可改善血液循环、滋养大脑、增强记忆、延缓衰老、增强免疫力。

## 食用注意

☞草鱼不宜与甘草一同烹饪。

☞草鱼不宜大量食用，可能会诱发各种疮疖。

☞炒鱼肉的时间不能过长，炒至鱼肉变白即可。

## 松子鱼

**原料** 草鱼1条，松子10克，生粉50克

**调料** 番茄酱50克，白糖、白醋各30克，盐、香菜叶、食用油各少许

**做法** ①草鱼洗净，将鱼头和鱼身斩断，将鱼身背部开刀，取出鱼脊骨，将鱼肉改成"象眼"形花刀，裹上生粉。
②锅入油烧开，将去骨鱼肉和鱼头放入锅中炸至金黄色捞出。
③将番茄酱、白糖、白醋、盐调成番茄汁，和洗净的松子一同淋于鱼身上，撒上香菜叶即可。

# 粉蒸鱼块

**原料** 净草鱼400克，蒸肉粉50克，姜末、葱花各少许

**调料** 盐3克，鸡粉2克，生抽6克，食用油适量

**做法** ①把草鱼切块，装入碗中，加盐、姜末、鸡粉、生抽、蒸肉粉，拌匀，加入适量食用油搅拌匀，腌渍片刻，装入蒸盘中。
②蒸锅上火烧开，放入蒸盘。
③盖上盖，用大火蒸约10分钟至食材熟透，取出，撒上葱花，浇上热油即成。

# 滑熘鱼片

草鱼肉300克，竹笋100克，黄瓜、木耳各50克，胡萝卜片少许

盐、红椒、生粉、食用油各适量

①鱼肉洗净切片，用盐和生粉腌渍；竹笋、黄瓜、红椒均洗净切片；木耳浸泡后撕块状。
②锅入油烧热，倒入鱼片，当鱼片变白时捞起，沥油。
③锅留油，倒入竹笋、木耳、黄瓜、红椒、胡萝卜片，加盐翻炒，再倒入鱼片，炒熟即可。

## 野山椒蒸草鱼

 **原料** 草鱼1条，野山椒100克，红椒丝适量

 **调料** 盐3克，味精2克，剁辣椒、葱花、葱白段、香菜段、料酒、辣椒面、香油、食用油各适量

 **做法** ①野山椒洗净去蒂；红椒洗净切丝。
②草鱼去鳞和内脏，洗净，剁成小块，用盐、辣椒面、料酒腌渍入味后装盘。
③将所有材料撒在鱼肉上，用大火蒸熟，关火后等几分钟再出锅，淋上香油即可。

## 豉汁蒸草鱼腩

 **原料** 草鱼腩600克，豆豉40克，蒜蓉、葱末、青椒碎、红椒碎、姜碎各适量

 **调料** 盐1克，蚝油5克，老抽、白糖、花生油、味精、生抽、生粉各少许

**做法** ①草鱼腩去鳞，洗净，斩成小件，加豆豉、蒜蓉、青椒碎、红椒碎、葱蓉、姜碎和所有调味料搅匀，装碟，铺平。
②蒸锅上火，注水烧开，用大火蒸10分钟，淋适量热花生油，放上装饰即可。

## 糟熘鱼片

 **原料** 草鱼肉300克，黑木耳50克

 **调料** 盐、白糖、生粉、糟卤、鲜汤、水淀粉、食用油各适量

**做法** ①鱼肉洗净切片，用盐和生粉腌渍；黑木耳浸泡后撕片。
②起油锅，烧至七成热时倒入鱼片，当鱼片变白色时捞起，沥油。
③锅放鲜汤、鱼片、黑木耳，用小火烧开后撇去浮沫，加糟卤、白糖、生粉，勾薄芡后即可出锅。

## 黄花菜蒸草鱼

 **原料** 草鱼块400克，水发黄花菜200克，红枣20克，枸杞、姜丝、葱丝各少许

 **调料** 盐3克，鸡粉2克，蚝油6克，生粉15克，料酒7克，蒸鱼豉油15克，香油适量

 **做法** ①红枣洗净切块；黄花菜洗净去蒂；枸杞洗净。
②将鱼块放入蒸盘中，撒上姜丝、枸杞、红枣、黄花菜、料酒、鸡粉、盐、蚝油、蒸鱼豉油拌匀，倒入生粉、香油拌匀腌渍片刻。
③将蒸盘放入蒸锅中，用大火蒸约10分钟，放上葱丝，浇热油即成。

## 油浸鱼

 **原料** 草鱼750克，白萝卜100克，葱段10克

 **调料** 料酒、香油、姜丝、白糖、香菜段、盐、酱油、红椒丝、香菜叶各适量

**做法** ①草鱼去鳞和内脏，洗净，用盐、料酒腌渍；白萝卜洗净，去皮切丝。
②将鱼摆盘，放入姜丝、葱段和白萝卜丝，倒入适量酱油和白糖，入蒸锅蒸熟。
③出锅撒上香菜段和红椒丝，淋香油，撒上香菜叶即可。

## 豆花鱼片

 **原料** 草鱼300克，河水豆花100克

 **调料** 蒜末、葱花各3克，豆瓣10克，姜末、干辣椒粉、生粉各5克，盐、鲜汤、食用油各适量

 **做法** ①草鱼去鳞和内脏，洗净，切成片，用盐和生粉腌渍；豆花入沸水焯熟。
②起油锅，放豆瓣、姜末、蒜末煸香，加入干辣椒粉略炒，倒入鲜汤，下鱼片煮熟，捞起放在豆花上，撒上葱花，淋适量原汤即可。

鳜鱼

## 健脑益智功效

鳜鱼又称鳌花鱼、桂鱼，味道鲜美，营养丰富，含有蛋白质、脂肪、维生素B$_1$、维生素B$_2$、烟酸及各种矿物质元素等营养成分。其丰富的蛋白质成分是大脑和神经的基础组成成分，对脑的健康发育有着决定性的作用，若缺乏蛋白质会导致智力下降、记忆力衰退、行为紊乱。此外，鳜鱼含有的脂肪、B族维生素以及多种矿物质元素也参与脑细胞的合成和生长发育等一系列复杂的活动。现代医学研究认为，鳜鱼肉质易于消化吸收，而且吸收率高，经常食用可补气血、益脾胃、健脑益智、增强体质。

## 食用注意

☞食用鳜鱼的同时不宜喝茶。

☞寒湿盛者不宜食用鳜鱼。

## 干烧鳜鱼

**原料** 鳜鱼800克，胡萝卜200克

**调料** 盐、葱花、酱油、葱白段、蒜丁、辣椒油、食用油各适量

**做法** ①鳜鱼去鳞和内脏，洗净，用刀在鱼身两侧斜切上花刀，抹上盐、酱油腌渍；胡萝卜洗净，切丁。

②油锅烧热，下鳜鱼煎至两面呈黄色，加蒜丁、葱白、盐煸出香味，下胡萝卜丁炒熟，淋少许辣椒油，撒上葱花即可。

# 碧影映鳜鱼

**原料** 鳜鱼1条，鸡蛋2个，红椒丝、葱丝各少许

**调料** 盐3克，料酒、香油各10克

**做法** ①鳜鱼去鳞和内脏，洗净，去主刺，留头尾，肉切片后用料酒、盐腌渍20分钟。②鸡蛋磕入碗中，加适量清水、盐搅拌成蛋液，放入蒸笼中蒸至六成熟取出；再放上鳜鱼肉、头、尾，摆好造型，撒上红椒丝，入蒸锅中蒸熟后撒上葱丝，淋上香油即可。

# 鲜辣芋头鳜鱼

 **原料** 鳜鱼400克，芋头150克，香菜叶少许

 **调料** 盐、味精各4克，料酒、辣椒油各10克，红椒、食用油各适量

 **做法** ①鳜鱼去鳞和内脏，洗净，对半剖开，打上花刀；芋头去皮洗净，蒸熟后待用；红椒洗净，切圈。②油锅烧热，下入红椒圈炒香，放入鳜鱼煎至片刻，注入清水烧开。③放入芋头同煮至熟，调入盐、味精、料酒拌匀，淋入辣椒油，放上香菜叶即可。

## 姜葱鳜鱼

原料　鳜鱼1条，姜60克，葱20克

调料　盐3克，味精2克，白糖5克，热鸡汤60克，食用油适量

做法　①鳜鱼去鳞和内脏，洗净；姜洗净切末；葱洗净切花。
②锅中注适量水，待水沸时放入鳜鱼煮至熟，捞出沥水装盘。
③锅注油烧热，爆香姜末、葱花，调入适量的鸡汤、盐、味精、白糖煮开，淋在鱼身上即可。

原料　鳜鱼750克，羊肉片200克，姜片、葱段各20克，八角、枸杞、香菜段各少许

调料　盐4克，味精2克，鸡粉、白糖、料酒、老抽、生抽、食用油各适量

做法　①羊肉片加盐、味精、料酒、生抽抓匀腌渍片刻，再入沸水锅氽烫片刻。
②油锅中放姜片、八角炒香，加羊肉、所有调料煮熟。
③羊肉片塞入鳜鱼内，抹盐和生抽。入油锅煎至金黄，倒汤底、葱段、净枸杞慢火焖5分钟，撒香菜即可。

## 鱼咬羊

## 菌香鳜鱼

原料　鳜鱼1条，西蓝花200克，红椒适量

调料　盐3克，料酒、酱油各10克，味精10克，蘑菇汁适量

做法　①鳜鱼收拾干净，去头尾后切块，用盐和料酒腌渍；红椒洗净，切圈；西蓝花洗净掰小朵。
②将鱼头和鱼尾放入盘中，放入鱼肉，摆上西蓝花。
③放入盐、味精和酱油，淋上蘑菇汁，蒸熟即可。

**原料** 鳜鱼1条，咸菜150克

 **调料** 盐4克，味精1克，料酒15克，葱、红椒各适量

 **做法** ①鳜鱼收拾干净，对半剖开，用盐和料酒腌渍；咸菜洗净，切丁；葱、红椒均洗净，切碎。
②鳜鱼摆盘，放入盐、味精、红椒碎、咸菜丁，上蒸锅蒸熟。
③取出后撒上葱花即可。

**蒸鳜鱼**

**干烧鳜鱼块**

**原料** 鳜鱼块250克，鸡蛋1个，油菜40克，姜片、红椒片、大蒜、葱段各少许

**调料** 海鲜酱、盐、味精、白糖、蚝油、香油、生粉、料酒、老抽、食用油各适量

 **做法** ①鳜鱼加料酒、盐、老抽、蛋黄、生粉抓匀腌渍10分钟；大蒜入油锅炸熟捞出，倒入鱼块炸2分钟；油菜洗净，焯熟。
②大蒜、姜片、海鲜酱入油锅煸香，加水、鱼块焖4分钟，放红椒、味精、白糖、蚝油、香油、熟油、葱段炒至入味，盛出，摆好油菜即可。

 **原料** 净鳜鱼350克，锡纸1张，姜末、姜丝、葱丝、蒜末各少许

 **调料** 盐、鸡粉各3克，白糖、辣椒酱、番茄汁各12克，生抽、生粉、食用油各适量

 **做法** ①鳜鱼去鱼头、背骨切花刀，加盐、生抽、鸡粉腌10分钟裹生粉，入油锅炸至金黄色；取碗放入番茄汁、白糖、辣椒酱、水、鸡粉、盐调成味汁。
②油锅爆香姜末、蒜末，倒入味汁煮沸，收汁。
③铁板加热，放上鳜鱼，淋上食用油、芡汁、姜丝、葱丝即可。

**铁板扒鳜鱼**

鳕鱼

## 健脑益智功效

　　鳕鱼含蛋白质、脂肪、钙、磷、铁、维生素A、维生素D、维生素B₁、维生素B₂、维生素C、维生素E等成分。鳕鱼肉含有丰富的镁元素，对心血管系统有很好的保护作用，有利于预防高血压、心肌梗死等心血管疾病。最值得一提的是，鳕鱼鱼肉和鱼脑中均含有丰富的益脑成分，比如鱼肉中含有蛋白质、不饱和脂肪以及丰富的矿物质成分，而鱼脑中则含有比较集中的脑磷脂和卵磷脂成分，这些营养成分保证了大脑的正常生长发育。经常适量食用鳕鱼，对于智力的发育、记忆力的改善有着非常积极的促进作用。

## 食用注意

☞鳕鱼肉很细嫩，不宜用大火烹调，否则会影响口感。
☞鳕鱼不宜与红酒一同食用。
☞痛风、尿酸过高患者忌食鳕鱼。

## 茶树菇蒸鳕鱼

**原料** 鳕鱼300克，茶树菇、红甜椒各75克

**调料** 盐4克，黑胡椒粉1克，香油6克，高汤50克

**做法** ①鳕鱼洗净，两面均匀抹上盐、黑胡椒粉腌5分钟，放入盘中备用。
②茶树菇洗净切段，红甜椒洗净切细条，铺在鳕鱼上。
③将高汤淋在鳕鱼上，放入蒸锅中，用大火蒸20分钟，取出淋上香油即可。

# 香煎鳕鱼

 **原料** 鳕鱼400克，红椒片20克

 **调料** 姜片、葱段各20克，盐、生粉、鸡汤、料酒、香油、食用油各适量

**做法** ①鳕鱼洗净，取2片中肚，加盐、料酒略腌。
②油锅烧热，放入鳕鱼，炸至金黄色，捞出装盘。
③锅内留底油，放入姜片、葱段、红椒煸炒，滤尽料渣，加鸡汤，用生粉勾薄芡，淋入香油，浇在鳕鱼上，放上装饰即可。

# 鳕鱼蒸鸡蛋

 **原料** 净鳕鱼100克，鸡蛋2个，南瓜150克

 **调料** 盐1克

 **做法** ①洗净的南瓜去皮切片；鸡蛋打入碗中，打散调匀。
②烧开蒸锅，放入南瓜片、净鳕鱼，用中火蒸15分钟取出。
③用刀把鳕鱼、南瓜均压烂，剁成泥状。
④在蛋液中加入南瓜泥、部分鳕鱼泥、盐搅拌匀，放入蒸锅，用小火蒸8分钟，再放上剩余的鳕鱼泥即可。

三文鱼

## 健脑益智功效

　　三文鱼富含人体必需的卵磷脂和不饱和脂肪酸，它们是脑部、视网膜及神经生长所必不可少的物质，有滋养大脑、益智、促进视力发育的作用。此外，三文鱼还含有蛋白质、叶酸、胆固醇、维生素A、维生素E、钙、磷、钾、钠、镁、铁等多种营养成分。经常食用还能有效降低血脂和胆固醇以及预防心血管疾病。据研究表明，三文鱼还能有效地预防诸如糖尿病等慢性疾病的发生、发展，非常适合老年人食用。对于婴幼儿、年轻人以及脑力工作者来说，三文鱼是一种能高效缓解疲劳、健脑益智、改善记忆的大众美食，可以经常食用。

## 食用注意

　　☞切勿把三文鱼烧得过烂，只需把鱼做成八成熟，这样既保存三文鱼的鲜嫩，也可祛除鱼腥味。

　　☞过敏体质、痛风、高血压患者忌食三文鱼。

# 三文鱼腩寿司

**原料** 寿司饭120克，三文鱼腩150克

**调料** 日本酱油15克，寿司芥末适量

**做法** ①将三文鱼腩洗净，在一面打上花刀，在另一面抹上芥末。

②将备好的寿司饭捏成团状，再把抹有芥末的三文鱼腩盖在饭团上面。

③食用时，蘸适量的日本酱油、芥末，放上装饰即可。

# 三文鱼沙拉

 **原料** 三文鱼90克，芦笋100克，熟鸡蛋1个，柠檬汁80克

 **调料** 盐3克，黑胡椒粒、橄榄油、食用油各适量

 **做法** ①洗好的芦笋去皮，切成段；熟鸡蛋切成小块；三文鱼洗净切片。

②锅注水烧开，加盐、食用油、芦笋煮半分钟搅匀捞出。

③将芦笋、三文鱼放入盘中，挤入柠檬汁，加入黑胡椒粒、盐、橄榄油搅拌均匀。

④鸡蛋切瓣与三文鱼、剩余的芦笋即一起摆盘即可。

# 香煎三文鱼

 **原料** 三文鱼180克，葱条、姜丝、芹菜叶各少许

 **调料** 盐2克，生抽4克，鸡粉、白糖、料酒、食用油各适量

 **做法** ①将洗净的三文鱼装入碗中，加入适量生抽、盐、鸡粉、白糖、姜丝、葱条，倒入少许料酒，抓匀，腌渍15分钟至入味。

②炒锅中注入适量食用油烧热，放入三文鱼，煎约1分钟至散出香味。

③翻动鱼块，煎至金黄色，把煎好的三文鱼盛入盘中，放上芹菜叶即可。

## 健脑益智功效

墨鱼不但味感鲜脆爽口，具有较高的营养价值，而且富有药用价值。每100克墨鱼肉含蛋白质13克，此外，墨鱼还含有碳水化合物和维生素A、B族维生素及钙、磷、铁等人体所必需的物质，是一种高蛋白低脂肪的滋补食品。墨鱼壳含碳酸钙、壳角质、黏液质及少量氯化钠、磷酸钙、镁盐等，常食墨鱼除了有养血、通经、催乳、补脾、益肾、滋阴之功效外，还有助于补充大脑生长发育所需的优质蛋白质、不饱和脂肪酸以及多种矿物质成分，可增强智力、健脑、防癌、抗癌。

## 食用注意

☞食用新鲜墨鱼时一定要去除内脏，因为其内脏含有大量的胆固醇。

☞墨鱼不宜与碱一同烹饪。

☞高血脂、肝病患者慎食墨鱼。

# 🥄 富贵墨鱼片

 **原料** 墨鱼片150克，西蓝花250克，西红柿适量

 **调料** 盐、味精、香油各少许，姜片、笋片各5克，干葱花3克，食用油适量

**做法** ①将墨鱼片洗净；把西蓝花用清水冲洗干净，切成小朵；西红柿洗净，切瓣。
②净锅注水，大火烧开，下入切好的西蓝花焯熟，排在碟上，摆入西红柿瓣。
③锅入油烧热，放入墨鱼片、姜片、笋片、干葱花、盐、味精、香油炒熟，盛放在西蓝花上即可。

## XO酱蒸墨鱼

原料 墨鱼仔400克，金针菇200克，香菜叶适量

调料 XO酱50克，盐4克，味精2克

做法 ①金针菇去根，用清水冲洗干净，垫入整个盘底，备用。

②将墨鱼仔剥去皮，挖去内脏后冲洗干净，再用XO酱、盐、味精腌好，放在金针菇上。

③将装着墨鱼仔和金针菇的盘放入蒸锅中，大火蒸10分钟，取出，点缀上香菜叶即成。

## 墨鱼炒鸡片

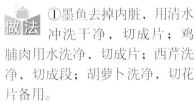

原料 墨鱼250克，鸡脯肉250克，西芹100克，胡萝卜30克

调料 盐4克，干辣椒丝10克，料酒15克，食用油适量

做法 ①墨鱼去掉内脏，用清水冲洗干净，切成片；鸡脯肉用水洗净，切成片；西芹洗净，切成段；胡萝卜洗净，切花片备用。

②炒锅注入食用油烧热，放入墨鱼片、鸡脯肉爆炒，加料酒、盐、干辣椒丝、西芹段、胡萝卜片炒熟，放上装饰即可。

# 市瓜炒墨鱼片

 原料　木瓜400克，墨鱼250克，胡萝卜片、姜片、葱白、蒜末各少许

 调料　盐3克，料酒、生粉、味精、鸡粉、食用油各适量

做法　①去皮、籽洗净的木瓜切片；洗净的墨鱼斜刀切片，加入盐、味精、料酒、生粉拌匀，腌渍5分钟。
②锅注水烧开，加盐、木瓜、食用油煮熟捞出；倒入墨鱼片余至断生，入油锅滑油片刻。
③油锅倒入胡萝卜片、姜片、蒜末、葱白、木瓜、墨鱼、料酒、盐、鸡粉炒匀，调味即成。

 原料　墨鱼300克，猪肉150克，蒜蓉、葱段各少许

 调料　盐、鸡粉、番茄酱、白糖、料酒、生粉、食用油各适量

做法　①洗净的猪肉切薄片，加盐、鸡粉、生粉、食用油抓匀，腌渍10分钟；洗好的墨鱼切小块，加盐、鸡粉、料酒抓匀，腌渍约10分钟，入沸水锅煮约1分钟捞出。
②锅倒油烧热，放蒜蓉爆香，倒入猪肉片炒匀，放入墨鱼块翻炒，加水、番茄酱、白糖炒匀，加水淀粉勾芡，撒上葱段炒香即成。

# 茄汁墨鱼花

# 爆墨鱼卷

 原料　净墨鱼350克，姜末、红椒各15克，葱、大蒜末、黄瓜片各少许

 调料　盐、味精、料酒、水淀粉、香油、食用油各适量

做法　①墨鱼切麦穗花刀，再切长方块，入沸水锅加盐、味精煮熟，入油锅炸卷；红椒、葱分别洗净切末。
②锅留底油，倒入姜末、蒜末、墨鱼卷炒1分钟，加适量料酒、盐、味精调味，加水淀粉勾芡，淋入香油，倒入葱末、红椒末炒匀，盛出，用黄瓜片摆盘即成。

## 韭菜炒墨鱼仔

 **原料** 韭菜200克，墨鱼100克，彩椒40克，姜片、蒜末各少许

 **调料** 盐3克，鸡粉2克，五香粉少许，料酒10克，水淀粉、食用油各适量

 **做法** ①洗净的韭菜切段；洗好的彩椒切粗丝；洗净的墨鱼切花刀，改切块，放入沸水锅中，加料酒煮约半分钟，捞出。
②用油起锅，放入姜片、蒜末爆香，倒入墨鱼块、彩椒丝炒匀，加入料酒、韭菜段炒至断生，加盐、鸡粉、五香粉炒匀，倒入适量水淀粉勾芡即成。

## 姜丝炒墨鱼须

 **原料** 墨鱼须150克，红椒30克，生姜35克，蒜末、葱段各少许

 **调料** 豆瓣酱8克，盐、鸡粉各2克，料酒5克，水淀粉、食用油各适量

**做法** ①洗净去皮的生姜切细丝；洗好的红椒去籽切粗丝；洗净的墨鱼须切段，入沸水锅加料酒煮半分钟，捞出。
②用油起锅，放入蒜末、红椒、姜爆香，倒入墨鱼须炒至肉质卷起，加料酒、豆瓣酱、盐、鸡粉炒匀，加水淀粉勾芡，撒上葱段炒熟装盘，放上装饰即成。

## 豉椒墨鱼

**原料** 墨鱼200克，红椒块、青椒块、芹菜各30克，豆豉、姜片、蒜末各少许

**调料** 盐、鸡粉各4克，料酒15克，生粉10克，生抽、食用油各适量

 **做法** ①洗净的芹菜切段；墨鱼肉洗净切片，加盐、鸡粉、料酒、生粉拌匀，腌渍10分钟；将青椒块、红椒块入开水锅中焯煮半分钟，捞出，倒入墨鱼氽至变色捞出。
②用油起锅，放入姜片、蒜末、豆豉、墨鱼、料酒、青椒、红椒、芹菜、盐、鸡粉、生抽炒匀，装盘，放上装饰即可。

鱼子

## 健脑益智功效

　　鱼子是一种营养丰富的食品，其中有大量的蛋白质、钙、磷、铁、维生素和维生素$B_2$，也富有胆固醇，是人类大脑和骨髓的良好补充剂、滋长剂。鱼子每100克含有粗灰分1.24～2.06克，而粗灰分又含有大量的磷酸盐和石灰质，其中磷酸盐的平均含量达到了46%以上，是人脑及骨髓的良好滋补品。

　　此外，鱼子中还含有丰富的脑磷脂，对人们尤其是对儿童身体和智力发育极为重要。

## 食用注意

☞鱼子与柿子不宜同食。

☞鱼子不宜食用过量，否则易导致消化不良、腹胀。

☞鱼子胆固醇含量较高，胆固醇偏高的人群宜少食。

# 鱼子拌蟹膏

**原料** 净蟹膏肉200克，鱼子酱20克

**调料** 醋、料酒各适量，姜50克，蒜10克，香油少许

**做法** ①姜去皮，洗净，切成末；蒜去皮，洗净，切成末。
②蟹膏肉洗净，装入一干净的盘中，淋上料酒，放入蒸锅内蒸10分钟。
③将姜、蒜、醋调成味汁，淋在蟹膏肉上，最后淋入鱼子酱、香油即可。

# 鹅肝鱼子蛋

 **原料** 鸡蛋2个，鹅肝20克，鱼子酱10克，芹菜叶少许

 **调料** 盐1克，黑胡椒粉少许，橄榄油1匙

**做法** ①鹅肝洗净，切碎；鸡蛋煮熟，剥壳，切成两半，摆盘备用；芹菜叶洗净。
②平底锅内倒入橄榄油烧至七成热，放入鹅肝炒熟，加盐、黑胡椒粉调味。
③将炒好的鹅肝放入鸡蛋切面上，最后放鱼子酱、芹菜叶点缀即可。

# 鱼子水果沙拉盏

 **原料** 火龙果半个，橙子2个，圣女果、葡萄、黄瓜各适量，鱼子适量

 **调料** 卡夫奇妙酱适量

**做法** ①火龙果洗净，挖瓤切丁后将皮作为器皿；橙子洗净，一个切片，一个去皮切丁；圣女果、葡萄洗净，对切后放在盘底；鱼子洗净；黄瓜洗净，切连刀片，摆入盘中。
②将火龙果丁、橙子丁放入器皿中，淋上卡夫奇妙酱，撒上鱼子、橙片造型即可。

虾仁

## 健脑益智功效

　　虾中含有蛋白质、脂肪、碳水化合物、谷氨酸、维生素$B_1$、维生素$B_2$、钙、铁、碘、硒、甲壳素等。虾肉具有味道鲜美、营养丰富的特点，其中钙的含量为各种动植物食品之冠，特别适宜于老年人和儿童食用。钙除了可以保证骨骼的正常增长外，还可以保证大脑处于最佳的工作状态。而在氨基酸组成中，虾中含有利于健脑益智的牛磺酸比例也较高。所以吃虾可以增强记忆力。

## 食用注意

　　☞过敏性皮炎患者忌食虾。

　　☞虾在长期的进食过程中，金属成分易积累在头部，所以尽量不要吃虾头。

　　☞虾背上的虾线一定要剔除，不能食用。

# 🍵 潮式盐水虾

**原料** 虾1000克

**调料** 盐、葱、姜、花椒、八角各适量

**做法** ①去掉虾头，将虾背部切开，用牙签挑去虾线，用清水冲洗干净；葱择洗净，切成段；姜去皮洗净，切成片。
②锅内添清水烧开，放入虾，加调味料煮熟，捞出虾，拣去花椒、八角、葱、姜。
③将原汤过滤，放入虾浸泡20分钟，取出摆盘，放上装饰即可。

## 彩椒炒虾仁

 虾仁200克，彩椒200克，鸡蛋1个

 味精少许，盐少许，胡椒粉少许，生粉、食用油各少许

 ①彩椒洗净，切成丁，备用；鸡蛋打散，搅拌成蛋液。
②虾仁洗净，放入鸡蛋液、生粉、盐拌匀，腌渍入味，入油锅过油，捞起待用。
③锅内留油少许，下入彩椒丁炒香，再放入虾仁翻炒片刻，放入胡椒粉、味精、盐调味，炒匀即可。

## 金蒜丝瓜蒸虾球

 虾仁100克，丝瓜2根，粉丝50克，红椒少许

 蒜蓉15克，盐2克，蛋清、生抽、食用油各适量

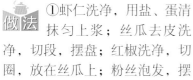 ①虾仁洗净，用盐、蛋清抹匀上浆；丝瓜去皮洗净，切段，摆盘；红椒洗净，切圈，放在丝瓜上；粉丝泡发，摆在盘中央。
②将盘放入蒸锅蒸10分钟，取出；炒锅倒油烧热，放入虾仁滑熟，捞起，放在丝瓜上；用余油炒香蒜蓉，调入生抽，起锅淋入盘中即可。

## 花菜炒虾仁

 虾仁150克，花菜80克，韭黄50克

 味精、生抽、盐、青辣椒、红辣椒、食用油各适量

 ①虾仁洗净，汆水；青辣椒、红辣椒、韭黄均洗净，切段；花菜洗净，切块，入沸水中烫熟后，捞出垫入盘底。
②油锅烧热，放入虾仁爆炒至颜色发白。
③放入青辣椒、红辣椒、韭黄炒至熟软，加味精、生抽、盐炒至入味，盛在花菜上摆上装饰即可。

## 佳果五彩炒虾

 荔枝肉150克，大青虾100克，彩椒、黑木耳、芦笋丁各30克

 葱段、姜片各5克，盐4克，糖3克，食用油适量

 ①黑木耳泡发撕片；彩椒洗净切片；大青虾洗净去壳取肉，背部开刀改成球形，过油。
②锅入油烧热，爆香葱、姜片、彩椒片、黑木耳、芦笋丁、虾球、荔枝肉炒匀，加入调味料，炒至食材入味即可。

## 抓炒虾仁

 虾仁200克，西红柿适量

 盐2克，五香粉、生抽、姜、生粉、食用油各适量

 ①生粉加水调糊；虾仁洗净，放入生粉糊中上浆；姜洗净去皮，切丝；西红柿洗净，切片摆盘。
②起油锅，放入虾仁炸至变色，捞起控油；另起油锅，下姜丝爆香，倒入虾仁翻炒至熟，加盐、五香粉、生抽调味，起锅，放上装饰即可。

## 蒜蓉虾蒸丝瓜

 蒜蓉100克，鲜虾500克，丝瓜1000克

 味精5克，盐、鸡精粉各3克，糖10克

 ①鲜虾去须、爪，洗净开边；丝瓜去皮、籽，洗净切条。
②将鲜虾、丝瓜、部分量蒜蓉放入碗内，加入调味料搅拌均匀。
③放入锅内蒸30分钟至熟，取出后撒上剩余的蒜蓉，放上装饰即可。

## 宫保鲜虾球

 大虾300克，腰果、莴笋各100克

 盐2克，料酒、干红椒、生粉、葱花、食用油适量

 ①腰果洗净；干红椒切段；莴笋去皮洗净，切成薄片焯水；大虾去虾线，洗净，将头、尾切开，剁成泥并且捏成肉球，裹上生粉。
②油锅烧热，放入虾球炸至金黄色，放入腰果、干红椒爆炒至熟，出锅前放葱花、料酒、盐调味，用莴笋、虾头、虾尾摆盘饰边。

 虾仁150克，苹果1个，面粉300克

 盐3克，柠檬汁、食用油各适量

 ①虾仁洗净，加盐、柠檬汁腌渍；苹果洗净，去皮，切细丝备用。
②面粉加水调成糊状，加入腌渍好的虾仁、苹果丝，裹成团状。
③锅内注油，烧至七成热时放入裹好的虾仁，炸至金黄色，捞出沥油，装盘放上装饰。

## 水果虾

## 健脑益智功效

海参是生活在8000米深海的软体动物，以海底藻类和浮游生物为食。海参含有蛋白质、碳水化合物、维生素E、钠、钙、镁、胡萝卜素等营养成分，具有很高的营养价值和食疗价值，是一类极具养生价值的美味海鲜。海参含有的赖氨酸能促进人体发育，增强免疫功能，并有提高中枢神经组织功能的作用。海参还能提供大脑神经生长和发育所必需的多种氨基酸、不饱和脂肪酸，它们在促进大脑的发育、改进大脑性能、加强人体免疫力等方面有着积极的影响。实验证实，经常食用海参可健脑益智、补肾益精、养血润燥、强身健体。

## 食用注意

☞容易对蛋白质过敏的儿童不宜多吃海参。

☞涨发好的海参应反复冲洗，以去除残留的化学成分。

☞痰多便溏者忌食海参。

# 鸽蛋扒海参

**原料** 水发海参、去壳熟鸽蛋、上海青各80克

**调料** 清鸡汤、料酒、酱油、盐、水淀粉、食用油各适量

**做法** ①海参反复冲洗干净；上海青择洗净。

②把海参和上海青倒入沸水锅中中，加盐焯水片刻，捞出。

③锅入油烧热，放入海参、清鸡汤、料酒、酱油、盐调味，用水淀粉勾芡后装盘；另起油锅，下入鸽蛋炸至金黄色，与上海青围放在海参周围即成。

# 海参烩鱼

 **原料** 海参200克，鱼肉300克，青菜100克

 **调料** 盐3克，味精1克，醋8克，生抽12克，食用油适量

 **做法** ①海参洗净，切成条；鱼肉洗净，加盐、生抽腌渍入味；青菜择洗干净。
②锅内注油烧热，放入鱼条滑炒至变色后，加入海参、青菜炒匀。
③加入盐、醋、生抽、味精炒匀入味，起锅装盘即可。

# 参杞烧海参

 **原料** 党参12克，冬笋70克，枸杞8克，水发海参300克，

 **调料** 白醋、料酒、生抽各4克，盐、鸡粉各2克，水淀粉、姜片、葱段、食用油各少许

 **做法** ①党参洗净，小火煮10分钟捞出；洗净去皮的冬笋切片；洗好的海参切块，入沸水锅煮片刻捞出。
②用油起锅，倒入姜片、葱段、海参、料酒、生抽、冬笋、党参汁煮沸，放盐、鸡粉、枸杞、水淀粉炒熟即可。

## 健脑益智功效

生蚝作为食品，中外历史上早有记载，是一种食药两用的双壳贝海产品。

生蚝含有氨基酸、肝糖元、B族维生素、牛磺酸和钙、磷、铁、锌等物质，是海产品中的佼佼者，可同人类最接近理想的食品——牛奶相媲美，在古代就已被认为是"海族中之最贵者"。

生蚝是补钙的最好食品，它富含磷，有利于钙的吸收，而钙可以保证大脑处于最佳的工作状态。所以，生蚝可以补充脑力。

## 食用注意

☞生蚝性寒，体虚者忌食；患有急慢性皮肤病者忌食。

☞生蚝肉不宜与糖同烹调，否则易导致胸闷、气短。

☞生蚝不宜同大量水果同食，易引起肠胃不适；也不宜与啤酒同食，易引起痛风。

# 蒜蓉蒸生蚝

**原料** 生蚝200克，蒜30克

**调料** 酱油5克，小葱、红椒、食用油各适量

**做法** ①生蚝洗净，取出肉，再洗净泥沙；蒜洗净，剁成蒜蓉；葱洗净，切花；红椒洗净，切丁。

②热锅注入油烧热，爆香蒜蓉，放入少许水，调入酱油炒熟后，盛出。

③将生蚝肉放入壳内，加入蒜蓉、葱花和红椒丁，蒸熟，出盘放上装饰即可。

# 萝卜煮生蚝

**原料** 生蚝300克，白萝卜250克，蒜、红椒片、葱白段各适量

**调料** 上汤750克，盐、味精各适量

**做法**
①生蚝洗净，取出肉，用清水仔细冲洗净泥沙；白萝卜去皮，冲洗干净，切成块；蒜洗净。
②锅置火上，倒入上汤煮沸，放入生蚝肉、白萝卜块、蒜、葱白和红椒片煮熟。
③加入盐、味精调味即可。

# 软炒蚝蛋

**原料** 蚝肉120克，鸡蛋2个，马蹄肉、香菇、肥肉各少许

**调料** 鸡粉4克，盐3克，淀粉4克，料酒9克，食用油适量

**做法**
①洗净的香菇、马蹄、肥肉切成粒；生蚝肉洗净，加入鸡粉、盐、料酒拌匀；鸡蛋加鸡粉、盐、淀粉，打散调匀。
②蚝肉入沸水锅煮1分钟，捞出。
③锅注水烧开，加鸡粉、盐、食用油、香菇、马蹄煮1分钟，捞出。
④用油起锅，放入肥肉、马蹄和香菇炒匀，放蚝肉、料酒、盐、鸡粉炒匀，加蛋液炒熟后装盘，加装饰即可。

## 生蚝茼蒿炖豆腐

**原料** 豆腐200克，茼蒿100克，净生蚝肉90克，姜片、葱段各少许

**调料** 盐3克，鸡粉、老抽各2克，料酒4克，生抽5克，水淀粉、食用油各适量

**做法** ①洗净的茼蒿切段；豆腐洗净切块。
②锅注水烧开，加盐、豆腐煮约半分钟捞出；再倒入生蚝肉煮约1分钟捞出。
③用油起锅，放入姜片、葱段爆香，倒入生蚝肉、料酒炒透，放入茼蒿、豆腐、盐、老抽、生抽、鸡粉中火炖煮约2分钟，倒入水淀粉勾芡即成。

**原料** 发粉250克，生蚝肉120克

**调料** 盐2克，料酒6克，生粉、食用油各适量

**做法** ①发粉加水调成面浆，注入少量食用油静置10分钟后调匀；生蚝肉洗净。
②锅注水烧开，放入生蚝肉煮沸，加盐、料酒搅匀，煮1分钟捞出，裹上生粉。
③热锅注油烧热，把生蚝肉裹上面浆炸2分钟，至其呈金黄色捞出，放入备好的锡纸杯中即可。

## 脆炸生蚝

## 姜葱生蚝

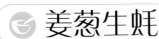

**原料** 生蚝肉180克，彩椒片、红椒片各35克，姜片30克，蒜末、葱段各少许

**调料** 盐、鸡粉、白糖、水淀粉、老抽、料酒、生抽、食用油各适量

**做法** ①生蚝肉洗净，锅注水烧开，放入生蚝肉，煮1分钟捞出装碗，加生抽、水淀粉拌匀腌入味，入油锅炸至微黄色捞出。
②锅底留油，放姜片、蒜末、红椒、彩椒爆香，倒生蚝、葱段、料酒、老抽、生抽、盐、鸡粉、白糖炒匀，加水淀粉勾芡，入盘放上装饰即成。

# *Part 2* 健脑益智汤

"食肉不如喝汤"是在营养学和药膳学等领域被专家、学者所特别推崇的一句至理名言。汤是人们所接触的食物当中最富有营养以及最容易消化的一类食物。随着时代和生活在不断地更新和加速，各类人群都会遇到一系列的压力。本章立足于中医学理论，精心编写了众多健脑益智效果十分突出的靓汤，文字简练，图片清晰，通俗易懂，希望这些汤中圣品能为您的健康保驾护航。

猪脑

## 健脑益智功效

　　猪脑含有钙、磷、铁、维生素$B_1$、维生素$B_2$、烟酸、维生素C等营养物质。中医认为，猪脑性寒，味甘，可以益虚劳、补骨髓、益肾补脑、养肌润肤，主要用于辅助治疗头晕、头痛、目眩、偏正头风、神经衰弱等症。猪脑不仅肉质细腻，鲜嫩可口，而且钙、磷、铁的含量比猪肉还多，对于用脑过度者有很好的补益作用。民间也有"吃脑补脑"之说，所以经常食用猪脑有很好的健脑功效。

## 食用注意

☞高胆固醇血症及冠心病患者忌食猪脑。

☞猪脑肉质较嫩易碎，卤制时最好放在漏勺内。

☞将鲜猪脑浸入冷水中，待血筋网络脱离猪脑表面后，用手可将血筋全部清除。

# ✣ 天麻瘦肉猪脑汤

**原料** 猪脑200克，瘦肉少许，枸杞10克，参片10片，天麻少许，上汤适量

**调料** 盐4克，味精2克，鸡精5克

**做法** ①将瘦肉用清水冲洗干净，剁成末状；猪脑去血丝，洗净备用。

②汤盅内先放洗净的药材，再放瘦肉、猪脑、上汤，用中火蒸1小时。

③最后放入盐、味精、鸡精调味即可食用。

# 🍵 小麦红枣猪脑汤

 **原料** 红枣20克，浮小麦10克，猪脑200克

 **调料** 盐、鸡粉各2克，料酒8克，葱段少许

 **做法** ①砂锅中注入适量清水烧开，倒入洗净的红枣、浮小麦，搅匀。

②用小火煮20分钟，至其析出有效成分，倒入处理好的猪脑，淋入料酒，用小火再炖1小时，至食材熟透。

③放入少许盐、鸡粉，搅拌片刻，使食材入味。

④盛出煮好的汤料，装入碗中，撒上葱段即可。

# 🍵 合欢花夜交藤炖猪脑

 **原料** 猪脑200克，夜交藤、合欢花、桂圆肉、枸杞各适量

 **调料** 料酒8克，盐、鸡粉各2克，姜片、葱花各少许

 **做法** ①砂锅注水烧开，放入洗净的夜交藤、合欢花。

②盖上盖，用小火煮20分钟，至其析出有效成分后揭盖，将药材捞干净。

③放入洗净的桂圆肉、枸杞及姜片、猪脑、料酒，盖上盖，用小火炖1小时。

④揭开盖，放入盐、鸡粉拌匀，装碗，撒上葱花即可。

## 健脑益智功效

　　甲鱼是卵生爬行动物，水陆两栖生活。甲鱼含有丰富的优质蛋白质、氨基酸、矿物质元素、微量元素以及维生素A、维生素$B_1$、维生素$B_2$等，具有鸡、鹿、牛、猪、鱼5种肉的美味，素有"美食五味肉"之称，有强身健体、清热养阴、平肝熄风、软坚散结的效果。

　　现代药理研究认为，甲鱼壳含有蛋白质、碘、维生素D、动物胶及钙、磷等，可用来抗结核、抗疲劳、平肝阳、熄内风，能调节大脑功能，有健脑益智和增强记忆力的作用。甲鱼营养丰富，尤其适宜体虚的人群。

## 食用注意

☞有肝病者少食或禁食甲鱼。

☞死甲鱼最好不要食用。

☞一次不宜食用过多甲鱼，否则会影响消化功能。

## 🍴 海参甲鱼汤

**原料** 水发海参100克，甲鱼1只，枸杞10克，上海青少许

**调料** 高汤、盐各适量，味精3克

**做法** ①将海参用清水冲洗干净；甲鱼去除鳞和内脏，用清水冲洗干净，斩成块状，入沸水锅中余水片刻，备用；枸杞洗净。

②瓦煲上火，倒入备好的高汤，下入处理好的甲鱼、海参、枸杞，小火煲至食材熟透，加入盐、味精拌匀调味，放上洗净的上海青即可。

#  西洋参甲鱼汤

原料 甲鱼500克，冬虫夏草、西洋参、红枣、枸杞各适量

调料 盐少许

做法 ①将甲鱼血放净，处理干净，与适量清水一同放入锅内加热至水沸；西洋参、冬虫夏草、红枣、枸杞均洗净，备用。
②将甲鱼捞出褪去表皮，去内脏，洗净斩块，略余水后备用。
③将适量清水入锅煮沸，加入所有原材料，大火煲开后转小火煲3小时，加盐调味即可。

# 黄芪枸杞炖甲鱼

原料 甲鱼块600克，黄芪20克，枸杞8克，姜片、葱花各少许

调料 料酒20克，盐3克，鸡粉3克，胡椒粉少许

做法 ①水烧开，倒入洗净的甲鱼块、料酒搅散，余去血水后捞出沥水；黄芪、枸杞洗净。
②砂锅注水烧开，放入姜片、黄芪、枸杞、甲鱼块、料酒搅拌匀，盖上盖，烧开后用小火炖1小时至食材熟透。
③揭开盖，加入盐、鸡粉、胡椒粉调味拌煮至入味，盛出装入碗中，撒上葱花即成。

## 红参淮杞甲鱼汤

 红参10克，淮山30克，枸杞、桂圆肉各20克，甲鱼1只

 生姜2片，盐4克

 ①红参洗净切片；淮山、枸杞、桂圆肉洗净。
②煲内注水放入甲鱼，加热至水沸，将甲鱼褪去四肢表皮，去内脏，洗净斩件，余水。
③将以上原料及姜片置于炖盅内，注入600克沸水，加盖，隔水炖4个小时，加盐调味即可。

 甲鱼1只，鸡爪30克，海马6克，党参、枸杞各适量

 盐3克

 ①甲鱼洗净斩块；鸡爪、海马洗净；党参洗净泡发切段；枸杞洗净泡发。
②锅注水烧开，下入甲鱼、鸡爪，余去血水，捞起。
③将海马、党参、枸杞放入砂煲，注水后用大火烧沸，放入甲鱼、鸡爪，改小火炖煮3个小时，加盐调味即可。

## 海马鸡爪甲鱼汤

## 枸杞炖甲鱼

 甲鱼400克，枸杞、熟地黄各30克，红枣10颗

 盐、味精各适量

 ①甲鱼宰杀后洗净。
②枸杞、熟地黄、红枣洗净。
③将甲鱼、枸杞、熟地黄、红枣放入煲内，加适量开水，用小火炖2小时，加入盐和味精调味即可。

## 甲鱼猪骨汤

 甲鱼200克，猪骨175克，桂圆肉4颗，枸杞2克

 盐4克，姜片2克

 ①将甲鱼洗净，斩块，氽水；猪骨洗净斩块，氽水；桂圆肉、枸杞均洗净备用。
②净锅上火倒入清水，加入姜片烧开，下入甲鱼、猪骨、桂圆肉、枸杞煲至熟，调入盐即可。

## 甲鱼百部汤

 甲鱼肉600克，地骨皮9克，生地、百部、枸杞各10克，姜片少许

 料酒16克，鸡汁10克，盐2克

 ①锅注水烧开，倒入洗净的甲鱼肉煮沸，氽去血水捞出。
②砂锅注水烧开，倒入洗净的地骨皮、生地、百部、姜片、甲鱼、枸杞、料酒、鸡汁拌匀，盖上盖，烧开后用小火煮30分钟。
③揭盖，放盐搅拌片刻，使味道均匀即可。

## 山药甲鱼汤

 甲鱼块700克，山药130克，姜片45克，枸杞20克

 料酒20克，盐、鸡粉各2克

 ①洗净去皮的山药切成片；枸杞洗净。
②锅注水烧开，倒入洗净的甲鱼块、料酒，氽去血水后捞出。
③砂锅注水烧开，放入枸杞、姜片、甲鱼块、料酒拌匀，烧开后用小火炖20分钟。
④放入山药，用小火再炖10分钟，放入盐、鸡粉拌匀即可。

乌龟

## 健脑益智功效

乌龟，又称草龟，香龟、泥龟、金龟等，属淡水龟科乌龟属。乌龟的营养成分类似于甲鱼，含有丰富的蛋白质、脂肪、糖类、多种维生素、微量元素等。乌龟肌肉的蛋白质含量达16.64％，必需氨基酸和鲜味氨基酸分别占氨基酸总量的49.16％和43.39％。李时珍曰："介虫三百六十，而龟为之首。龟，介虫之灵长者也。"《神农本草经》将其列为上品，认为能"主漏下赤白，久服轻身不饥"。乌龟是传统的食疗补品，尤其适于健脑益智、强身健体、抑制肿瘤、延年益寿之用。

## 食用注意

☞乌龟不宜与酒、苋菜等一同食用。

☞单次食用不宜过多，否则会影响肠胃消化。

☞野生乌龟一定要反复清洗至干净，烹饪至熟透，才可杀死其体内的寄生虫。

## 灵芝茯苓炖乌龟

**原料** 乌龟1只，灵芝6克，土茯苓25克，山药8克，生姜10克

**调料** 盐4克，味精3克

**做法** ①将乌龟置于冷水锅内，慢火加热至沸，去头和内脏，洗净斩成大件。

②灵芝切块，同土茯苓、山药、生姜洗净；山药洗净去皮切块。

③将以上原料依次放入瓦煲内，加适量水，用大火烧开，转小火煲2小时，最后加入盐和味精调味即可。

# 龟羊汤

 原料 乌龟750克，羊肉150克，姜片、葱段各15克，枸杞、当归、党参各少许，食用油适量

 调料 盐4克，味精、冰糖、料酒各适量

做法 ①乌龟氽水，刮去表面黑膜，去除脚爪、内脏，洗净；羊肉洗净斩块，和龟肉随冷水下锅，煮开；中药材洗净。
②锅注油烧热，放入龟肉、羊肉炒香，淋入料酒炒匀，加入当归、党参、葱段、冰糖、清水烧开。
③将锅中材料转至砂煲，加盖小火炖2小时，放入枸杞，捞出浮沫，加入盐、味精拌匀即可。

# 老龟排骨汤

 原料 老龟1只，党参30克，红枣20克，排骨100克，天麻50克

 调料 盐4克，味精3克

 做法 ①老龟宰杀洗净；排骨砍小段洗净；红枣、党参、天麻洗净。
②将以上所有原材料装入煲内，加入适量清水，煮沸后以小火煲3小时至熟透。
③加入盐、味精调味即可。

黑豆

## 健脑益智功效

中医认为，黑豆营养全面，含有丰富的蛋白质、维生素、矿物质元素，有活血、利水、祛风、解毒的功效。研究认为，黑豆中微量元素如锌、铜、镁、钼、硒、氟等的含量都很高，而这些微量元素对延缓人体衰老、降低血液黏稠度等非常重要。虽然黑豆的营养成分和黄豆的相近，但是黑豆的药用价值更高。中医主要是取其"色黑入肾"，因为肾为先天之本的原理，补肾可以起到强身、健脑的作用，所以黑豆是很好的健脑食物。

## 食用注意

☞黑豆炒熟后热性大，多食易上火。
☞肾阳虚的人宜少食用黑豆。
☞对豆类过敏者不宜食用黑豆。

## 黑豆墨鱼瘦肉汤

 原料　瘦肉300克，墨鱼150克，黑豆50克

 调料　盐4克，鸡精3克

 做法　①瘦肉洗净，切块，入沸水锅中氽水片刻；墨鱼清洗干净，切成段；黑豆洗净，用水泡发。
②锅上火，放入处理好的瘦肉块、墨鱼段、黑豆，加入适量清水，大火煮沸后转小火炖2小时。
③调入盐和鸡精即可。

# 黑豆排骨汤

 黑豆10克，猪小排100克

 葱花、姜丝、盐各少许

 ①将黑豆用清水冲洗干净，泡发；将猪小排用清水冲洗干净，斩段。
②将适量清水倒入锅中，开中火，待水煮沸后放入处理好的黑豆、猪小排、姜丝，盖上盖熬煮。
③待食材煮软至熟后，打开盖子，加入盐调味，并撒上备好的葱花即可。

# 黑豆牛蒡炖鸡汤

 黑豆、牛蒡各150克，鸡腿1个

 盐4克

 ①黑豆洗净，用清水浸泡30分钟；牛蒡削皮，洗净，切块。
②鸡腿剁块洗净，入开水中余烫后捞出，备用。
③黑豆、牛蒡先下锅，加6碗水煮沸，小火炖15分钟，再下入鸡肉续炖30分钟。
④待肉熟豆烂，加盐调味即可。

## 黑豆羊肉汤

原料 羊肉200克，黑豆100克，枸杞少许

调料 盐3克，香菜叶少许

做法 ①羊肉洗净，切块；黑豆洗净，浸泡10分钟；枸杞洗净。
②锅注水烧开，放入羊肉，余去血水，捞出洗净。
③将羊肉、黑豆、枸杞放入瓦煲，注入清水用大火烧沸，改用小火炖2小时，加盐调味，放入香菜叶即可。

## 黑豆莲藕汤

原料 莲藕200克，猪蹄150克，黑豆25克，红枣适量，当归3克

调料 清汤适量，盐4克，姜片3克，葱适量

做法 ①将莲藕洗净切成块；猪蹄洗净斩块；黑豆、红枣洗净浸泡20分钟；当归洗净；葱洗净切葱花。
②净锅上火倒入清汤，下入姜片、当归，大火烧开，下入猪蹄、莲藕、黑豆、红枣煲至熟，调入盐，撒上葱花即可。

## 黑豆瘦肉汤

原料 瘦肉250克，黑豆50克，益母草20克，枸杞10克

调料 盐4克，鸡精5克

做法 ①瘦肉洗净，切块，余水；黑豆、枸杞洗净，浸泡；益母草洗净。
②将瘦肉、黑豆、枸杞放入锅中，加入清水慢炖2小时。
③放入益母草稍炖，调入盐和鸡精即可。

## 黑豆猪蹄汤

 **原料** 莲藕750克，陈皮10克，猪蹄1个，红枣4颗，黑豆100克

 **调料** 盐少许

 **做法** ①莲藕洗净，去皮切块；猪蹄刮净斩块，煮5分钟，捞起洗净；黑豆洗净入锅中炒至豆衣裂开，洗净后沥干；陈皮、红枣分别用清水洗净。
②瓦煲内加入适量清水，先用大火煲至水沸，然后放入全部材料，待水再沸后转中火继续煲3小时，加入盐调味即可。

## 黑豆甜酒汤

 **原料** 水发黑豆120克，核桃仁30克

 **调料** 甜酒300克

 **做法** ①烧热炒锅，倒入洗净的核桃仁用中小火炒出香味后盛出。
②砂锅注水烧开，放入洗净的黑豆、甜酒、核桃仁，盖上盖，烧开后用小火煮约30分钟后揭盖搅拌匀，转中火略煮片刻。
③关火后盛出煮好的甜酒，待稍微冷却后即可食用。

## 黑豆莲藕鸡汤

 **原料** 水发黑豆100克，鸡肉300克，莲藕180克，姜片少许

 **调料** 盐、鸡粉各少许，料酒5克

 **做法** ①洗净去皮的莲藕切丁；洗好的鸡肉斩块，入沸水锅余烫，去除血水后捞出。
②砂锅注水烧开，放入姜片、鸡块、黑豆、藕丁、料酒。
③盖上盖，煮沸后用小火炖煮约40分钟后取下盖子，加盐、鸡粉搅匀续煮至入味即成。

## 健脑益智功效

　　紫菜含有丰富的维生素和矿物质元素，特别是胡萝卜素、B族维生素、维生素C、维生素E等含量相对较高。它所含的蛋白质与大豆差不多，是大米的6倍；维生素A约为牛奶的67倍，维生素$B_2$比香菇多9倍，维生素C为包菜的70倍。紫菜还含有胆碱、维生素$B_1$、碘等，常吃紫菜对记忆衰退也有良好的改善作用。

　　中医认为，紫菜具有滋养大脑、清热利尿、补肾养心、降低血压、促进人体代谢等多种功效，适合大多数人食用。

## 食用注意

☞长期过量食用紫菜，容易导致甲亢。

☞使用紫菜烹饪清汤的时候不宜加味精。

☞紫菜不宜与柿子一同食用，否则会影响钙质的吸收。

## 🍲 蛤蜊紫菜汤

**原料** 蛤蜊400克，水发紫菜80克，姜丝、香菜段各少许

**调料** 盐、鸡粉各2克，胡椒粉、食用油各适量

**做法**
①将蛤蜊放入盐水中泡2小时，待其吐尽泥沙，切开，去除内脏，用清水洗干净。
②锅中倒入适量清水烧开，放入蛤蜊、姜丝、食用油煮沸。
③加入洗好的紫菜拌匀，撒入胡椒粉，搅拌至紫菜散开。
④加入盐、鸡粉调味，盛出汤料，撒上香菜段即可。

# 西红柿紫菜蛋花汤

 西红柿100克，鸡蛋1个，水发紫菜50克，葱花少许

 盐、鸡粉各2克，胡椒粉适量

 ①洗好的西红柿对半切开，再切成小块；鸡蛋打入碗中，用筷子打散、搅匀。
②用油起锅，倒入西红柿，翻炒片刻，加入适量清水，煮至沸腾，用中火煮1分钟。
③放入洗净的紫菜，加入适量鸡粉、胡椒粉，搅匀调味。
④倒入蛋液，搅散，继续搅动至浮起蛋花，调入盐，盛出煮好的蛋汤，撒上葱花即可。

# 紫菜莴笋鸡蛋汤

 莴笋180克，水发紫菜120克，鸡蛋50克，葱花少许

 盐、鸡粉各2克，胡椒粉、食用油各适量

 ①鸡蛋打入碗中，快速搅散，调成蛋液；将洗净去皮的莴笋切成薄片。
②锅中注水烧开，加入食用油、鸡粉、莴笋片、胡椒粉，用中火煮约2分钟。
③放入洗净的紫菜煮沸，缓缓地倒入蛋液，轻轻搅拌至浮现蛋花。
④调入盐，盛出装碗，撒上葱花即成。

## 紫菜鲫鱼汤

 原料　净鲫鱼1条，豆腐90克，水发紫菜70克

 调料　盐、鸡粉、料酒、胡椒粉、食用油各适量，姜片、葱花各少许

 做法　①豆腐洗净切块。
②用油起锅，放入姜片爆香，放入鲫鱼翻面煎至焦黄色，加入适量料酒、清水、鸡粉拌匀，盖上盖，用大火烧开，再煮3分钟至熟。
③揭盖，倒入豆腐、紫菜、胡椒粉拌匀，调入盐，煮2分钟盛出，撒上葱花即可。

## 三丝紫菜汤

 原料　香干80克，鲜香菇50克，水发紫菜80克，胡萝卜片、姜丝、葱花各少许

 调料　盐、鸡粉各2克，料酒4克，胡椒粉、食用油各少许

 做法　①洗净的香干、香菇切成丝。
②用油起锅，放入姜丝爆香，倒入香菇、料酒炒香，加清水。
③用大火煮约1分钟，倒入香干拌匀，加入紫菜、胡萝卜片煮沸。
④放入盐、鸡粉、胡椒粉煮沸，装碗，撒上葱花即可。

## 紫菜鲜菇汤

 原料　水发紫菜180克，白玉菇60克，姜片、葱花各少许

 调料　盐3克，鸡粉2克，胡椒粉、食用油各适量

做法　①洗净的白玉菇切去老茎，切成段。
②锅注水烧开，加入胡椒粉、食用油、白玉菇、紫菜煮沸，放入姜片搅拌匀。
③调入盐、鸡粉，将煮好的汤盛出，装入盘中，撒上少许葱花即成。

 水发紫菜100克，鹌鹑蛋50克

 白糖30克

 ①锅中倒入清水烧开，放入鹌鹑蛋，盖上盖，煮约3分钟至沸。
②揭盖，下入洗净的紫菜拌匀，撒上白糖。
③再盖好锅盖，用小火煮约5分钟，至锅中食材熟透。
④关火后将煮好的糖水盛入碗中即可。

# 紫菜海带汤

 水发海带150克，水发紫菜80克，葱花少许

 盐4克，鸡粉3克，胡椒粉、食用油各少许

 ①将洗净的海带切成细丝。
②锅中倒入清水烧开，放入食用油、鸡粉、海带丝拌匀，煮约30秒钟。
③倒入洗净的紫菜煮熟，撒上胡椒粉拌匀入味，掠去浮沫。
④调入盐，撒入葱花煮出香味即成。

 虾丸100克，水发紫菜90克，姜片、葱花各少许

 盐3克，鸡粉2克，食用油、料酒、胡椒粉各适量

 ①锅入油烧热，加料酒、水烧开，加鸡粉、胡椒粉调味。
②倒入虾丸拌匀，转中火煮至熟，再倒入紫菜和姜片。
③拌煮至汤汁沸腾，调入盐，将汤盛入碗中，撒上葱花即可。

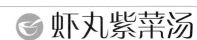

# 虾丸紫菜汤

银耳

## 健脑益智功效

我国历代的医学家都认为银耳有"强精、补肾、润肺、生津、止咳、润肠、益胃、补气、和血、强心、壮身、补脑、提神、美容嫩肤、延年益寿"的功效。《神农本草经》中称它能"益气不饥，轻身强智"。据分析，银耳含有丰富的植物蛋白质、碳水化合物、多种微量元素以及胶质、脑磷脂、卵磷脂等成分。尤其是银耳中的蛋白质含有17种氨基酸，有6种人体必需的氨基酸，且含较多的赖氨酸、谷氨酸，补益大脑的功效非常明显。

## 食用注意

☞如品尝有辣味，则为劣质银耳，不可食用。
☞银耳不宜与动物肝脏一同烹饪。
☞外感风寒的人以及糖尿病患者不宜食用银耳。

# 罗布麻枸杞银耳汤

原料 罗布麻8克，枸杞10克，水发银耳200克

调料 冰糖30克

做法 ①银耳泡发好，清洗干净，切成小块；枸杞洗净。
②砂锅注水烧开，放入洗净的罗布麻拌匀盖上盖，用小火煮15分钟，捞出药渣。
③放入银耳、枸杞搅匀，盖上盖，用小火煮15分钟。
④揭开盖子，放冰糖拌煮至溶化即可。

# 杜仲灵芝银耳汤

 **原料** 水发银耳100克，灵芝10克，杜仲5克，枸杞少许

 **调料** 冰糖12克

**做法** ①银耳用水冲洗干净，切小块，备用。

②砂锅注入适量清水，用大火烧开，倒入备好的灵芝、杜仲、枸杞以及银耳。

③盖上盖，煮沸后用小火煮约30分钟，至食材熟透。

④揭盖，加入冰糖搅拌均匀，用中火续煮至冰糖溶化即可盛出。

# 冬瓜银耳莲子汤

 **原料** 水发银耳100克，冬瓜、水发莲子、枸杞各适量

 **调料** 冰糖30克

**做法** ①洗净的冬瓜去皮切成块；洗好的银耳切小块；枸杞洗净。

②砂锅注水烧开，倒入莲子、银耳，盖上盖，用小火煮20分钟。

③揭开盖，倒入冬瓜块、枸杞拌匀，再用小火煮15分钟。

④放入冰糖拌匀，用小火续煮5分钟即可。

桂圆

## 健脑益智功效

桂圆别名龙眼，还有"益智果"之称，有益心脾、补气血、健脑、改善失眠、增强记忆力等作用。《开宝本草》中记载桂圆肉能"归脾而益智"。《本草纲目》中认为桂圆肉"开胃益脾、补虚长智"。

现代医学研究认为，桂圆肉含有丰富的葡萄糖、蔗糖、维生素A、B族维生素，能够给神经和脑组织提供营养，调整大脑皮值功能，甚至改善或消除健忘的症状。此外，桂圆肉还能够抑制脂质过氧化和提高抗氧化酶活性，有一定的抗衰老作用。

## 食用注意

☞桂圆肉不宜多吃，多吃易上火。

☞内有痰火及湿滞停饮者忌服，孕妇应慎食。

☞切不可吃未熟透的桂圆，否则容易引起哮喘病。

## 🥣 桂圆干老鸭汤

**原料** 老鸭500克，桂圆干20克，生姜少许

**调料** 盐4克，鸡精2克

**做法** ①老鸭去毛和内脏，洗净切件，入沸水锅汆水；桂圆干去壳；生姜洗净，切片。
②将处理好的老鸭肉、桂圆干、生姜放入锅中，加入适量清水，用小火慢炖。
③待桂圆干变得圆润时，调入盐、鸡精即可。

# 桂圆当归猪腰汤

 猪腰150克，桂圆肉30克，红枣2颗，姜片适量

 盐1克

 ①猪腰洗净，切开，除去白色筋膜；红枣、桂圆肉洗净。
②锅中注水烧沸，放入猪腰氽去血沫，捞出切块。
③将适量清水放入煲内，大火煲开后加入所有食材。
④改用小火煲2小时，加盐拌匀调味即可。

# 黄芪桂圆鸡肉汤

 鸡肉400克，黄芪、桂圆、山药各适量，枸杞15克

 盐4克

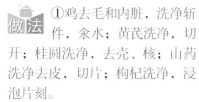 ①鸡去毛和内脏，洗净斩件，氽水；黄芪洗净，切开；桂圆洗净，去壳、核；山药洗净去皮，切片；枸杞洗净，浸泡片刻。
②将鸡肉、黄芪、桂圆、山药、枸杞放入锅中，加适量清水慢炖2小时。
③加入盐调味即可食用。

## 桂圆猪蹄汤

**原料** 新鲜板栗200克，桂圆肉100克，猪蹄2个

**调料** 盐1小匙

**做法** ①板栗洗净入开水中煮5分钟，捞起剥膜，洗净沥干；猪蹄斩块，入沸水锅中余去血水，捞起冲洗干净。
②将准备好的板栗、猪蹄放入炖锅中，加水没过材料，大火煮开，改用小火炖70分钟。
③桂圆剥散，入锅中续炖5分钟，加盐调味即可。

**原料** 瘦肉300克，桂圆、百合各20克

**调料** 盐4克

**做法** ①瘦肉洗净，切块；桂圆去壳；百合洗净。
②瘦肉入开水锅中余去血水，捞出洗净。
③锅中注水，烧沸，放入瘦肉、桂圆、百合，大火烧沸后以小火慢炖1.5小时，加入盐调味，出锅装入炖盅即可。

## 桂圆瘦肉汤

## 桂圆猪心汤

**原料** 猪心300克，桂圆肉35克，红枣25克，太子参12克，姜片少许

**调料** 盐3克，鸡粉少许，料酒6克

**做法** ①猪心洗净切片，入沸水锅煮半分钟；桂圆肉、红枣、太子参洗净。
②砂锅注水烧开，倒入桂圆肉、太子参、红枣、姜片、猪心、料酒，拌匀，煮沸后用小火煮约30分钟至食材熟透。
③调入少许盐、鸡粉，转中火略煮片刻至汤汁入味，关火后盛出煮好的猪心汤即可。

原料　桂圆肉30克，鸡蛋1个

 调料　红糖35克

 桂圆蛋花汤

做法　①将鸡蛋打入碗中，打散调匀。
②砂锅注水烧开，倒入洗好的桂圆肉，盖上盖，用小火煲20分钟。
③揭盖，加入红糖拌匀，煮至红糖完全溶化。
④倒入备好的鸡蛋液搅拌均匀，煮沸即可。

 桂圆红枣土鸡汤

原料　土鸡肉400克，桂圆肉20克，红枣30克，冰糖35克

调料　盐2克，料酒、米酒各适量

做法　①土鸡肉洗净斩成小块，入沸水锅煮约1分钟，余去血水捞出。
②砂锅注水烧开，放入洗净的桂圆肉、红枣和土鸡块、冰糖、米酒，拌匀后盖上盖，煮沸后用小火煮约40分钟。
③取下盖子，调入少许盐，拌匀续煮至入味即成。

原料　黄芪15克，红枣25克，桂圆肉30克，枸杞8克

调料　冰糖30克

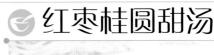 红枣桂圆甜汤

做法　①砂锅注水烧开，倒入洗净的黄芪、红枣、桂圆肉、枸杞，盖上盖，大火烧开后用小火煮20分钟至药材析出营养成分。
②揭开盖，放入备好的冰糖搅拌匀，略煮片刻至冰糖溶化。
③关火后盛出煮好的甜汤，装入碗中即可。

莲子

## 健脑益智功效

　　李时珍在《本草纲目》中写道："莲之味甘，气温而性涩，清芳之气，得稼穑之味，乃脾之果也。中医认为莲子性平味甘、涩，入心、肺、肾经，具有补脾、益肺、养心、益肾和固肠等作用，适用于心悸、失眠、体虚、遗精、白带过多、慢性腹症等症。莲子的营养价值较高，含有丰富的蛋白质、脂肪和碳水化合物，其中的钙、磷、钾含量也非常丰富。

　　莲子有养心安神的功效，中老年人特别是脑力劳动者经常食用，不但可以健脑、增强记忆力、提高工作效率，还能预防阿尔茨海默病。

## 食用注意

　　☞莲子心营养丰富，有很好的药用价值，食用时不可丢弃。

　　☞变黄发霉的莲子不要食用。

　　☞肠燥便秘者宜少食用莲子。

# 莲子芡实瘦肉汤

 瘦肉350克，莲子、芡实各少许

 盐4克

 ①瘦肉洗净，切块；莲子洗净；芡实用清水泡洗净。

②瘦肉入沸水锅中，汆水片刻后洗净，备用。

③将瘦肉、莲子、芡实全部放入炖盅，加适量水，锅置火上，将炖盅放入隔水炖1.5小时，调入盐即可。

# 肉苁蓉莲子羊骨汤

 肉苁蓉5克，芡实40克，羊骨500克，莲子35克，姜片少许

 盐、鸡粉各2克，料酒20克

 ①锅中注水烧开，倒入洗净切块的羊骨煮沸，淋入料酒拌均匀，余去血水捞出；芡实、莲子分别洗净。
②砂锅中注入清水烧开，倒入莲子、姜片、肉苁蓉、芡实、羊骨、料酒，盖上盖，大火烧开后用小火炖2小时。
③揭开盖，加入鸡粉、盐拌匀即可。

# 莲子百合瘦肉汤

 瘦肉300克，莲子、百合、干贝各少许

 盐、鸡精各4克

 ①瘦肉洗净，切块；莲子洗净；百合洗净；干贝洗净，切丁。
②瘦肉放入沸水中余去血水后捞出洗净。
③锅中注水，烧沸，放入瘦肉、莲子、百合、干贝慢炖2小时，加入盐和鸡精调味即可。

## 😋 莲子猪心汤

 猪心1个，莲子（不去心）60克，红枣、枸杞各15克

 盐适量

 ①猪心洗净入锅中加水煮熟；红枣、莲子、枸杞泡发洗净。
②将煮好的猪心切成片。
③把全部材料放入砂锅中，加适量清水，小火煲2小时，加盐调味即可。

## 😋 银耳莲子鸡汤

 鸡肉400克，银耳、淮山、莲子、枸杞各适量

 盐4克，鸡精3克

 ①鸡肉去毛和内脏，洗净，切块，氽水；银耳泡发洗净，撕小块；淮山洗净，切片；莲子洗净，对半切开；枸杞洗净。
②炖锅中注水，放入鸡肉、银耳、淮山、莲子、枸杞，大火炖至莲子变软。
③加入盐和鸡精调味即可。

## 😋 猪肠莲子汤

 猪小肠、鸡爪各350克，水发莲子100克，党参、红枣20克，枸杞8克

 料酒20克，盐、鸡粉、姜片各少许

 ①处理好的小肠切段；鸡爪洗净去爪尖，斩块；枸杞、党参、红枣洗净。
②锅入水烧开，加入料酒、鸡爪煮片刻，放猪小肠煮沸，捞出。
③砂锅上火，注水烧开，放莲子、党参、红枣、枸杞、姜片、氽水的食材、料酒拌匀，用小火煮1小时，放盐、鸡粉调味即可。

## 玉竹莲子鸡汤

 人参4克，玉竹6克，水发莲子60克，鸡块350克，姜片少许

 料酒16克，盐、鸡粉各2克

①锅注水烧开，倒入鸡块、料酒煮沸捞出；人参、玉竹分别洗净。
②砂锅注水烧开，倒入莲子、姜片、人参、玉竹、鸡块、料酒搅拌匀。
③盖上盖，小火炖40分钟至熟。
④揭盖，放入鸡粉、盐拌匀调味即可。

## 莲子绿豆甜汤

 水发百合60克，水发莲子80克，枸杞15克，水发绿豆120克

 冰糖25克

①砂锅倒水烧开，放入绿豆、莲子搅拌匀，盖上盖，用小火煮30分钟。
②揭盖，放入百合、洗净的枸杞搅拌匀，盖上盖，用小火煮15分钟。
③揭开盖，放入适量冰糖拌至冰糖溶化。
④将煮好的甜汤盛出，装入碗中即可。

## 莲子牛蛙汤

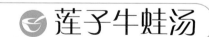

 牛蛙肉120克，水发莲子70克，水发绿豆50克，姜片少许

 盐4克，鸡粉3克，胡椒粉2克，料酒6克

①洗净的牛蛙肉切小块，撒上盐、鸡粉、料酒拌匀，腌渍约10分钟。
②砂锅倒水烧开，放入莲子、绿豆煮沸后用小火煮约30分钟。
③撒上姜片、牛蛙肉，搅拌几下，用小火续煮约15分钟。
④加入盐、鸡粉、胡椒粉调味，拌匀即成。

芡实

## 健脑益智功效

　　芡实也称鸡米头，性平，味甘、涩。《神农本草经》认为芡实"主湿痹腰脊膝痛，补中除暴疾，益精气，强志，令耳目聪明"。

　　现代医学认为，芡实中所含有的糖类、蛋白质和钙等能够提供大脑复杂活动所需的能量以及为复杂的智力活动补充其基本物质，能够协调保证大脑的工作，对于改善脑功能十分有益。坚持适量食用芡实，不仅能健脑益智，还能起到补脾止泻、固肾涩精的作用。

## 食用注意

☞芡实炖熟烂后食用，效果会更好。

☞每次食用芡实不宜过量，不利于消化和吸收。

☞食滞不化者慎食芡实。

## 莲子芡实排骨汤

 **原料** 排骨200克，莲子、芡实、百合各适量

 **调料** 盐3克

 **做法** ①排骨洗净，斩件，氽去血渍；莲子去皮洗净；芡实洗净；百合洗净泡发。

②将排骨、莲子、芡实、百合放入砂煲，注入清水，大火烧开，改为小火煲2小时，加入适量盐调味即可。

# 淮山芡实老鸽汤

原料　乳鸽1只，淮山、芡实各15克，桂圆肉50克，枸杞少许

调料　盐3克

做法　①老鸽去毛和内脏，洗净；芡实洗净；淮山、枸杞均洗净，泡发；桂圆肉洗净。
②锅注水烧沸，放入老鸽，氽去血水，捞起。
③砂煲注水，放入淮山、枸杞、芡实、乳鸽，用大火煲沸，下入桂圆肉转小火煲1.5小时，加盐调味即可。

# 甲鱼芡实红枣汤

原料　甲鱼300克，芡实10克，枸杞、红枣、葱花各适量

调料　盐4克，姜片2克

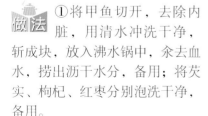做法　①将甲鱼切开，去除内脏，用清水冲洗干净，斩成块，放入沸水锅中，氽去血水，捞出沥干水分，备用；将芡实、枸杞、红枣分别泡洗干净，备用。
②锅入水烧开，调入盐、姜片，下入甲鱼、芡实、枸杞、红枣小火煲至熟，撒上葱花即可。

人参

## 健脑益智功效

　　中医认为人参具有大补元气、增智、补脾益肺、固脱生津、安神等功效，可用于治疗劳伤虚损、健忘等症状。《神农本草经》中说人参"主补五脏，安精神，止惊悸，除邪气，明目，开心益智"。人参含有多种氨基酸、人参皂苷、人参醇、糖类、维生素$B_1$、维生素$B_2$、烟酸、泛酸以及微量元素等化学成分，能够加强大脑皮质的兴奋过程，提高人的分析能力，并能延缓大脑的疲劳，提高学习效率。所以，人参特别适合身体比较虚弱、失眠、健忘、脑力不足者食用。

## 食用注意

☞人参单次食用不要过量，易导致上火。
☞人参不宜与山楂、萝卜及茶一起食用。
☞人参忌用铁锅煎煮。

## 鲜人参炖鸡

**原料** 鸡1只，鲜人参2根，猪瘦肉200克，金华火腿30克，花雕酒3克，生姜2片

**调料** 盐、鸡精各2克，味精3克，浓缩鸡汁2克

**做法** ①先将鸡去毛和内脏洗净，在背部开刀；猪瘦肉洗净，切成粒；金华火腿洗净，切成粒；鲜人参洗净。
②把所有的原材料装进炖盅，隔水炖4小时。
③在炖好的汤里加入所有调味料即可。

# 🥄 人参糯米鸡汤

 人参15克，糯米20克，鸡腿1个，红枣10克

 盐4克

做法 ①糯米淘洗干净，用清水泡1小时，沥干；人参洗净，切片；红枣洗净。
②鸡腿剁块，洗净，氽烫后捞起，再冲净。
③将糯米、鸡块和参片、红枣放入炖锅，加1600克水，用大火煮开后转小火炖至肉熟米烂，加盐调味即可。

# 🥄 人参红枣鸽子汤

 鸽子1只，红枣8颗，人参1根，葱花、枸杞各少许

调料 盐适量

 ①将鸽子去毛和内脏洗净，剁成块；红枣、人参、枸杞分别均洗净备用。
②净锅上火，倒入适量水，放入鸽子烧开，打去浮沫，放入人参、红枣、枸杞，小火煲至熟，加盐调味，撒上葱花即可。

冬虫夏草

## 健脑益智功效

冬虫夏草又名虫草、柏实，为松杉科常绿灌木侧柏的种仁。中医认为，冬虫夏草性平，味甘、辛，入心、肝、肾三经，有养心安神、滋阴敛汗、润肠通便之功。《别录》称其能"益血，止汗"，《本草纲目》中提到冬虫夏草："养心气，润肾燥，安魂定魄，益智宁神"。现代医学研究认为，冬虫夏草含有丰富的脂类、挥发油、蛋白质、碳水化合物、维生素E、维生素A、维生素D等多种维生素、铁、锌、磷、硒、钾、镁等多种矿物质元素。因其能调五脏、安心神、定魂魄，故能起到健脑益智之功效。

## 食用注意

☞便血以及脑出血人群最好不要食用冬虫夏草。

☞冬虫夏草最好不要生食，因其表面含有一定量的细菌。

☞单次食用不宜过量。

## ☺ 虫草炖甲鱼

**原料** 甲鱼1只，冬虫夏草10根，葱段、姜片、蒜瓣各少许

**调料** 料酒、盐、味精、鸡汤各适量

**做法** ①将宰好的甲鱼切成4块；冬虫夏草洗净；蒜瓣洗净。

②将甲鱼块放入锅内煮沸，捞出，剥去腿油，洗净。

③甲鱼放入砂锅中，放入冬虫夏草、料酒、葱、姜片、蒜、鸡汤，中火炖2小时，加入盐、味精调味即成。

## 虫草炖雄鸭

 雄鸭1只，冬虫夏草、姜片、枸杞、葱花各适量

 胡椒粉、盐、陈皮末、味精各适量

做法
①先将冬虫夏草清除灰屑，用温水洗净；枸杞洗净，备用。
②鸭去毛和内脏，洗净后斩成块，再将鸭块放入沸水中焯去血水，捞出。
③将鸭块与虫草先用大火煮开，再用小火炖熟，加入枸杞、姜片、葱花、陈皮末、胡椒粉、盐、味精调味，拌匀即可。

## 虫草海马四宝汤

 鲜鲍鱼1只，海马4只，冬虫夏草2克，光鸡500克，猪瘦肉200克，火腿30克

 食盐、鸡精、味精、浓缩鸡汁各2克

 做法
①先将鲍鱼去肠，洗净；海马洗净，用瓦煲煸好。
②光鸡洗净斩件，入开水中余烫后捞出；猪瘦肉洗净切成大粒；火腿切成粒。
③把所有的原材料装入炖盅炖4小时，放入所有调味料调味即可。

# 猪心虫草汤

 猪心1个，冬虫夏草2根，参片10片

 盐、鸡精、味精各适量

 ①猪心洗净，切片，余去血污；虫草、参片均洗净浮尘。
②将猪心、冬虫夏草、参片放入炖盅，加入适量清水。
③炖盅置于火上，小火炖2小时，加入盐、鸡精、味精调味即可。

# 虫草鹌鹑汤

 冬虫夏草6克，杏仁15克，鹌鹑1只，蜜枣3颗

 盐4克

 ①冬虫夏草洗净，浸泡。
②杏仁用温水浸泡，去红皮、杏尖，洗净，待用；蜜枣洗净，待用。
③鹌鹑去内脏，洗净，斩件，余水。
④将以上原材料放入炖盅内，注入适量沸水，加盖，隔水炖4小时，加盐调味即可。

# 枸杞虫草猪肝汤

 枸杞8克，冬虫夏草3根，姜丝少许，猪肝200克，鲜百合40克

 盐、鸡粉各3克，料酒、胡椒粉各少许

做法 ①将洗净的猪肝切成片，加盐、鸡粉、料酒拌匀，腌渍10分钟。
②锅中注水烧开，放入洗净的枸杞、冬虫夏草、百合煮15分钟。
③放入姜丝、猪肝片拌匀，加入盐、鸡粉、胡椒粉调味，中火煮至熟即可。

# 虫草炖乳鸽

原料　乳鸽1只，生姜、五花肉各20克，冬虫夏草、蜜枣、红枣适量

调料　盐4克，味精3克，鸡精2克

做法
①五花肉洗净，切成条；乳鸽洗净，去内脏；蜜枣、红枣泡发；生姜洗净去皮，切片。
②将所有原材料装入炖盅内。
③加入适量清水，用中火炖1小时，最后加入调味料调味即可。

# 虫草鸽子汤

原料　鸽子肉180克，冬虫夏草、红枣、当归、枸杞、沙参、姜片各适量

调料　料酒16克，盐、鸡粉各2克

做法
①锅注水烧开，倒入处理好的鸽子肉、料酒拌匀煮沸，捞出。
②砂锅注水烧开，倒入鸽肉、所有洗净的药材、料酒、姜片拌匀。
③盖上盖，用小火炖1小时，至食材熟透。
④揭开盖，放入少许盐、鸡粉拌匀即可。

# 虫草排骨汤

原料　排骨400克，冬虫夏草3根，红枣20克，枸杞8克，姜片15克，山药200克

调料　盐、鸡粉各2克，料酒16克

做法
①洗净去皮的山药切成丁；红枣、枸杞、冬虫夏草分别洗净。
②锅中注水烧开，倒入排骨、料酒煮沸捞出。
③砂锅注水烧开，放入红枣、枸杞、冬虫夏草、姜片、排骨、山药、料酒盖上盖，用小火煮40分钟。
④揭盖，放入盐、鸡粉拌匀即可。

灵芝

## 健脑益智功效

中医认为，灵芝性温，味淡、微苦，入心、肝、脾、肺、肾经，具有补肺益肾、增强免疫力、降低血压、健脾宁神、调节血糖、延缓衰老之功效。现代药理研究得出，灵芝含蛋白质、油脂、甾体、生物碱、酸性树脂、酚类等，有调节自主神经、降低胆固醇、抗动脉粥样硬化、强心、止咳平喘等作用。现代医学更证实，灵芝还能养心安神、健脑益智，适宜神经衰弱、失眠健忘、脑力不足者食用。

此外，灵芝所含三萜类不下百余种，其中以四环三萜类为主，具有保肝作用和抗过敏作用。

## 食用注意

☞发热恶寒者最好不要食用灵芝。

☞灵芝一般不适宜直接食用。

# 灵芝核桃乳鸽汤

**原料** 党参20克，核桃仁80克，灵芝40克，乳鸽1只，蜜枣6颗

**调料** 盐适量

**做法** ①将核桃仁、党参、灵芝、蜜枣分别用水冲洗干净，备用。

②将乳鸽切开，去除内脏，用清水冲洗干净，斩成块。

③锅中加水，大火烧开，放入所有材料，改用小火续煲3小时，加盐调味即可。

# 灵芝炖鹌鹑

原料 鹌鹑1只，灵芝、党参、枸杞、红枣各适量

调料 盐适量

做法 ①灵芝洗净，泡发撕片；党参洗净，切薄片；枸杞、红枣均洗净，泡发。
②鹌鹑宰净，去毛、内脏，洗净后余水。
③炖盅注水，下入灵芝、党参、枸杞、红枣，用大火烧开，放入鹌鹑，用小火煲3小时，加盐调味即可。

# 灵芝红枣瘦肉汤

原料 猪瘦肉300克，灵芝4克，红枣适量

调料 盐4克

做法 ①将备好的猪瘦肉用清水冲洗干净，切成片状；把备好的灵芝、红枣分别冲洗干净，备用。
②净锅上火，倒入适量的清水，下入切好的猪瘦肉，大火烧开，捞去浮沫，下入洗好的灵芝、红枣，煲至食材熟透，调入盐即可。

枸杞

## 健脑益智功效

枸杞，又名枸杞子、杞果、枣杞子，为茄科多年生灌木枸杞的果实。《本草纲目》中谈及枸杞，说道"久服坚筋骨，轻身不老，耐寒暑。补精气不足，养颜，肌肤变白，明目安神，令人长寿"。中医认为，枸杞子性平味甘，含有甜菜碱、胡萝卜素、B族维生素、维生素C、钙、磷、铁、亚油酸等成分，具有滋肝益肾、养血填精、安神健脑、增强免疫力的功效。此外，枸杞还能够抗疲劳、降血糖、软化血管、降低血液中的胆固醇、甘油三酯水平，对脂肪肝和糖尿病患者具有一定的疗效。

## 食用注意

☞一般来说，常人每天食用20克左右的枸杞比较合适，食用过多易上火。

☞染色枸杞最好不要食用。

☞感冒发烧、身体有炎症、腹泻者不要食用枸杞。

## 四宝炖乳鸽

**原料** 乳鸽1只，山药130克，香菇40克，枸杞13克，杏仁少许，清汤适量

**调料** 葱段、姜片、料酒、盐、味精各少许

**做法** ①将乳鸽去毛和内脏，洗净，剁成小块。

②山药去皮、洗净，切成小滚刀块与乳鸽块一起余水；香菇、枸杞泡开洗净；杏仁洗净。

③取适量清汤置于锅中，放入杏仁、山药、香菇、枸杞、乳鸽及葱段、姜片、料酒，炖约2小时，拣去葱、姜，加入盐和味精即成。

# 枸杞党参鱼头汤

 鱼头1个，山药片、党参、红枣各适量，枸杞15克

 盐、胡椒粉各少许

 ①鱼头洗净，剖成两半，下入热油锅稍煎；山药片、党参、红枣均洗净备用；枸杞泡发洗净。
②锅入适量清水，用大火烧沸，放入鱼头煲至汤汁呈乳白色。
③加入山药片、党参、红枣、枸杞，用中火继续炖1小时，加入盐、胡椒粉调味即可。

# 柴胡枸杞羊肉汤

 柴胡15克，枸杞10克，羊肉片、油菜各200克

 盐4克

 ①柴胡冲净，放进煮锅中加4碗水熬高汤，熬到约剩3碗，去渣留汁。
②油菜洗净，切段。
③枸杞洗净放入高汤中煮软，羊肉片、油菜均放入锅中。
④中火煮至肉片熟软，加盐调味即可食用。

## 枸杞猪肝汤

 猪肝200克，党参8克，枸杞2克

 盐4克

 ①将猪肝洗净切片，余水；党参、枸杞用温水洗净备用。
②锅入水烧热，下入猪肝、党参、枸杞，中火煲至熟，加入盐调味即可。

## 枸杞花螺乌鸡汤

 乌鸡250克，花螺100克，山药20克，枸杞15克

 盐4克

 ①乌鸡去毛和内脏，洗净，斩件；花螺洗净，取肉；山药洗净，去皮，切块；枸杞洗净，浸泡。
②锅中注水烧沸，放入乌鸡、花螺余水，捞出。
③将乌鸡、山药、花螺、枸杞放入锅中，加适量清水慢炖2小时，加入盐即可食用。

## 枸杞牛肉汤

 新鲜山药600克，牛肉500克，枸杞10克

 盐4克

 ①牛肉洗净，余水后捞起，再冲净，待凉后切成薄片备用。
②山药削皮，洗净切块。
③将牛肉放入炖锅中，加适量水，用大火煮沸后转小火慢炖1小时。
④加入山药、枸杞，续煮10分钟，加盐调味即可。

## 枸杞萝卜鸭汤

 **原料** 老鸭250克，白萝卜175克，枸杞5克

 **调料** 盐少许，姜片3克

 **做法** ①将鸭肉洗净，斩块，氽水；白萝卜洗净，去皮切方块；枸杞洗净备用。
②净锅上火，倒入适量清水，下入鸭子、白萝卜、姜片、枸杞，大火煮沸后转小火煲至熟，加盐调味即可。

## 参芪猪肝汤

**原料** 党参10克，黄芪15克，枸杞5克，猪肝300克

**调料** 盐4克

**做法** ①猪肝洗净，切片；枸杞洗净。
②党参、黄芪洗净，放入锅中，加6碗水以大火煮开，转小火熬煮20分钟。
③转中火，放入枸杞煮约3分钟，放入猪肝片，待水沸腾，加入适量盐调味即成。

## 枸杞鹧鸪汤

 **原料** 党参20克，黄芪30克，鹧鸪1只，枸杞10克

**调料** 盐适量

 **做法** ①将党参浸透，洗净，切段。
②将黄芪、枸杞洗净；鹧鸪收拾干净，斩件。
③将全部材料放入瓦煲内，加适量清水，大火煮沸后，改小火煲2小时，加入适量盐调味即可。

何首乌

## 健脑益智功效

　　中医认为，何首乌含有大黄酚、大黄素、大黄酸、大黄素甲醚、脂肪油、淀粉、糖类、土大黄苷、卵磷脂等有效成分，有补肝肾、益精血、强筋骨、增智慧、乌须发等作用，可用于改善肝肾两虚、头昏眼花、心悸怔忡、神志衰弱、反应迟钝等症状。现代药理研究认为，何首乌含有卵磷脂、葡萄糖苷、淀粉、钙、铁、锌等大脑和神经组织必需的营养成分。医学研究认为，坚持适量食用何首乌，不仅能健脑益智，还能改善失眠健忘等症状。

## 食用注意

☞大便溏泻及有湿痰者慎食何首乌。
☞最好不用用铁质锅具来烹饪何首乌。

# 何首乌黑豆煲鸡爪

原料　鸡爪8个，猪瘦肉100克，黑豆20克，红枣5颗，何首乌10克

调料　盐3克

做法　①鸡爪斩去趾甲洗净，装盘备用。
②红枣、首乌洗净泡发，备用。
③猪瘦肉洗净，汆烫去腥，沥水备用。
④洗净的黑豆放入锅中，炒至豆壳裂开。
⑤将全部材料放入煲内，加适量清水煲3小时，加盐调味即可。

# 淡菜何首乌鸡汤

原料 淡菜150克，何首乌15克，鸡腿1个

调料 盐适量

做法 ①鸡腿用清水洗净，剁成块状，倒入沸水锅中氽烫片刻，去除血水，捞出冲洗干净，沥干水分。
②将备好的淡菜、何首乌分别清洗干净。
③将准备好的鸡腿、淡菜、何首乌放入锅中，加水没过材料，用大火煮开，转小火炖30分钟，加盐调味即可。

# 核桃排骨何首乌汤

原料 排骨200克，核桃100克，何首乌40克，当归、熟地各15克，桑寄生25克

调料 盐适量

做法 ①排骨用清水洗净，砍成大块，备用。
②何首乌、当归、熟地、桑寄生分别清洗干净；切好的排骨氽烫片刻后捞起，备用。
③将何首乌、当归、熟地、桑寄生、排骨加适量水用小火煲3小时，起锅前加盐调味即可。

五味子

## 健脑益智功效

　　五味子是木兰科植物五味子的成熟果实。五味子含有挥发油、氨基酸、单糖类、柠檬酸、苹果酸、酒石酸、五味子酚、五味子素、树脂、脂肪、维生素E、维生素C、铜、铁、镍、锰、磷、钙等成分。中医认为，五味子味咸酸，皮味甘，核辛苦，性温，归肺、肾及心经为主，有敛肺滋肾、生津安神等功效，还有填精益髓、健脑益智、降低血压、保护心肌功能的效果。

## 食用注意

　　☞肺有实热、肝火较盛者以及伤风感冒、发热、麻疹初起者，忌用五味子。
　　☞食用泻药的时候忌食五味子。

# 猪肝炖五味子

 **原料** 猪肝180克，五味子、五加皮各15克，红枣2颗，姜适量

 **调料** 盐1克，鸡精适量

 **做法** ①猪肝洗净切片；五味子、五加皮、红枣均洗净；姜去皮，洗净切片。
②锅中注水，大火烧沸，入猪肝余去血沫。
③炖盅装水，放入猪肝、五味子、五加皮、红枣、姜片炖3小时，调入盐、鸡精即可食用。

# ⊚ 五味子苍术瘦肉汤

 瘦肉300克，苍术、五味子各10克

 盐3克，鸡精2克

做法 ①瘦肉洗净，切块；苍术洗净，切片；五味洗净，备用。
②锅内烧水，待水沸时，放入瘦肉去除血水。
③将瘦肉、苍术、五味子放入汤锅中，加入清水，大火烧沸后转小火炖2小时，调入盐和鸡精即可食用。

# ⊚ 核桃枸杞五味子饮

 核桃仁20克，枸杞8克，五味子4克

 白糖少许

 ①砂锅注水烧开，倒入洗净的核桃仁、枸杞、五味子搅拌均匀。
②盖上盖，用小火煮15分钟，至药材析出有效成分。
③揭开盖子，持续搅拌片刻。
④把煮好的药汁盛出，装入碗中，加入少许白糖拌匀即可。

黄精

## 健脑益智功效

黄精又名老虎姜、鸡头参，为百合科植物黄精的根茎。中医认为，黄精性平味甘，具有补肾填精、补气养阴、补脾润肤、润肺、健脑益智、抗疲劳等功效。现代医学研究表明，黄精含有黏液质、醌类成分、黄精多糖、低聚糖等成分，能够有效地提高机体的耐氧能力，延缓细胞衰老，促进DNA、RNA和蛋白质的合成，改善大脑功能，提高机体的免疫功能等。

此外，黄精还具有降血压、降血糖、降血脂、防止动脉粥样硬化、延缓衰老和抗菌等作用。

## 食用注意

☞选购时应挑选菱形黄精，这种黄精质量最佳。

☞凡脾虚有湿、咳嗽痰多及中寒泄泻者均忌用黄精。

## 干贝黄精炖瘦肉

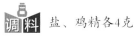

**原料** 瘦肉350克，干贝、黄精、生地、熟地各10克

**调料** 盐、鸡精各4克

**做法** ①瘦肉洗净，切块，氽水；干贝、黄精、生地、熟地分别洗净，切片。
②锅中注水，烧沸，放入瘦肉炖1小时。
③再放入干贝、黄精、生地、熟地慢炖1小时，加入盐和鸡精调味即可。

# 黄精山药鸡汤

 **原料** 黄精10克，山药200克，红枣8枚，鸡腿1个

 **调料** 盐4克，味精适量

 **做法** ①鸡腿洗净，剁块，放入沸水中汆烫，捞起冲净；黄精、红枣洗净；山药去皮洗净，切小块。
②将鸡腿、黄精、红枣放入锅中，加7碗水，用大火煮开，转小火续煮20分钟。
③加入山药续煮10分钟，加入盐、味精调味即成。

# 黄精海参炖乳鸽

 **原料** 乳鸽1只，黄精、海参各适量，枸杞少许

 **调料** 盐3克

 **做法** ①乳鸽收拾干净；黄精、海参均洗净泡发；枸杞洗净。
②热锅注水烧开，下乳鸽汆水，捞出。
③将乳鸽、黄精、海参、枸杞放入瓦煲，注水，大火煲沸，改小火煲2.5小时，加盐调味即可。

熟地

## 健脑益智功效

　　熟地具有补血滋阴的功效，可用于血虚萎黄、眩晕、心悸失眠、月经不调、崩漏等症，也可用于肾阴不足的潮热骨蒸、盗汗、遗精、消渴等症。现代医学更证实，熟地性温味甘，有较好的补血滋润、填精益髓、健脑益智的作用，适用于改善用脑过度所引起的脑力衰退、健忘失眠等症。熟地主要含有甘露醇、梓醇、地黄素、多种氨基酸、糖类、维生素A类物质、生物碱等成分，这些成分对于脑和其他器官功能的正常运作特别有益。

## 食用注意

☞食用熟地时，尽量避免食用辛辣、刺激性食物。
☞食少便溏者不宜食用熟地。

## 🍵 熟地鸡腿汤

原料　鸡腿150克，熟地25克，当归15克，川芎5克，炒白芍10克，枸杞少许

调料　盐4克

做法　①将鸡腿剁块，放入沸水中氽烫，捞出冲净；药材用清水快速冲净。
②将鸡腿和所有药材放入炖锅，加6碗水用大火煮开，转小火续炖40分钟。
③起锅前加盐调味即可。

## 山药熟地乌鸡汤

**原料** 乌鸡腿1个、熟地、山药、桔梗、山茱萸、丹皮、茯苓、泽泻、车前子、牛膝、炮附子各适量

**调料** 盐少许

**做法** ①将乌鸡腿洗净剁块，放入沸水中氽烫，捞起，冲净；所以药材洗净。
②将鸡腿和所有药材一起放入煮锅中，加7碗水用大火煮开，转小火慢炖40分钟，加盐调味即可。

## 熟地炖甲鱼

**原料** 甲鱼1只，五指毛桃根、熟地黄、枸杞各适量

**调料** 盐3克

**做法** ①五指毛桃根、熟地黄、枸杞均洗净，浸水10分钟，捞出。
②甲鱼去鳞和内脏，洗净，斩块，氽水。
③将五指毛桃根、熟地黄、枸杞放入砂煲，注水烧开，放入甲鱼，用小火煲煮4小时，加盐调味即可。

党参

## 健脑益智功效

党参含甾醇类、挥发性成分、生物碱以及三萜类成分，亦含铁、锌、铜、锰等14种无机元素及天冬氨酸、苏氨酸、丝氨酸、谷氨酸等17种氨基酸。研究认为，党参善补中气，其性质平和，有补血养神之功，可用于气血两虚之失眠健忘，常配伍黄芪、桂圆肉、酸枣仁等益气补血药物同用。现代研究表明，党参含有多种糖类、酚类、甾醇、挥发油、黄芩素、葡萄糖苷、皂苷等成分，这些成分是大脑复杂活动所需的能量及大量营养物质的必备来源。作为极好的药用食材，党参在健脑益智、增强免疫力、改善食欲、补脾益肺等方面效果明显。

## 食用注意

☞气滞、怒火盛者禁用党参。
☞最好不要与茶叶一同食用。

# 黑枣党参鸡肉汤

**原料** 鸡肉300克，土豆100克，黑枣、党参、枸杞各15克

**调料** 盐4克

**做法** ①鸡去毛和内脏洗净，斩件；土豆洗净，去皮，切块；党参洗净，切段；黑枣、枸杞洗净，浸泡。
②锅中注水，放入鸡块汆去血水，捞出。
③将鸡块、土豆块、黑枣、党参、枸杞放入锅中，加适量清水慢炖2小时，加入盐调味即可食用。

# 淮山党参鹌鹑汤

 **原料** 鹌鹑1只，党参、淮山、枸杞各适量

 **调料** 盐3克

 **做法** ①鹌鹑宰杀好，去掉毛和内脏，用清水冲洗干净；党参、淮山、枸杞分别洗净，用清水泡发。
②锅注水烧开，放入鹌鹑余去血水，捞出洗净。
③炖盅注入适量清水，放入备好的鹌鹑、党参、淮山、枸杞，大火烧沸后改小火煲3小时，加入适量盐调味即可。

# 党参生鱼汤

 **原料** 生鱼1条，党参20克

 **调料** 料酒、酱油、姜片、葱段各10克，香菜段30克，盐4克，高汤200克

 **做法** ①将党参洗净泡透，切成段，备用。
②生鱼宰杀洗净，切段，放入六成热的油锅中煎至两面金黄后捞出备用。
③锅置火上，下入油烧热，放姜片、葱段爆香，再下入生鱼、料酒、党参及剩余调味料，烧煮至熟，盛盘，加入香菜叶即成。

## 党参花甲汤

 原料 党参20克，花甲150克，生姜4片

 调料 盐3克，黄酒少许

做法 ①党参润透后，切段，生姜洗净切片。
②花甲洗净后，入沸水中余至开壳。
③把全部材料放入煲内，加适量清水，大火煮沸后，改小火煲1小时，加入黄酒后再煲10分钟，调入盐即可。

 原料 青豆50克，党参25克，排骨100克

 调料 盐适量

 做法 ①青豆浸泡洗净；党参润透后洗净切成段。
②排骨洗净，斩块，余烫后捞起备用。
③将上述材料放入煲内，加入适量清水，用小火煮约1个小时，加盐调味即可。

## 党参排骨汤

## 党参骶骨汤

 原料 党参15克，黄豆芽200克，猪尾骶骨1副，西红柿1个

 调料 盐适量

 做法 ①猪尾骶骨切段，余烫捞起，再冲洗干净。
②黄豆芽、党参冲洗干净；西红柿洗净，切块。
③将猪尾骶骨、黄豆芽、西红柿和党参放入锅中，加1400克水，用大火煮开，转用小火炖30分钟，加盐调味即可。

## 党参猪肉汤

 **原料** 瘦肉300克，虫草花、党参、枸杞各少许

 **调料** 盐、鸡精各3克

 **做法**
①瘦肉洗净，切块后氽水；虫草花、党参、枸杞洗净，用水浸泡。
②锅中注水烧沸，放入瘦肉块、虫草花、党参、枸杞小火慢炖。
③加入盐和鸡精调味，起锅装入炖盅即可。

## 党参猪腰汤

 **原料** 猪腰200克，马蹄150克，党参100克

 **调料** 盐4克，料酒、食用油各适量

 **做法**
①猪腰洗净，剖开，去白色筋膜，切片，用适量料酒、食用油、盐拌匀。
②马蹄洗净去皮；党参洗净切段。
③马蹄、党参放入锅内，加适量清水，大火煮开后改小火煮30分钟，加入猪腰再煮10分钟，用盐调味即可。

## 参杞乳鸽汤

 **原料** 乳鸽1只，海马、党参、枸杞各适量

 **调料** 盐少许

 **做法**
①乳鸽去毛和内脏，洗净；海马洗净；党参、枸杞洗净，入水稍泡。
②锅入水烧开，放入乳鸽，氽去血渍，捞起洗净。
③将党参、枸杞、海马、乳鸽放入炖盅，注水后大火烧沸，改小火煲煮3小时，加盐调味即可。

茯苓

## 健脑益智功效

中医认为，茯苓性平，味甘、淡，入药具有利水渗湿、益脾和胃、宁心安神之功用。茯苓含有碳水化合物、膳食纤维、蛋白质、脂肪、钾、磷、铁、镁、硒、钙、烟酸等成分。碳水化合物是大脑复杂活动的能源和燃料，有刺激大脑活动能力的作用，如果供应不足会导致学习和记忆困难，影响人们的正常生活；蛋白质和脂肪是构成脑组织的极其重要的营养物质，是人们维持智力活动的必需成分；其余的矿物质元素对促进和保障大脑的生长发育均有着非常积极的影响。经常适量食用茯苓能够健脑益智、健脾和胃、宁心安神、止呕、改善健忘。

## 食用注意

☞烹饪茯苓时不宜食用铁质锅具。
☞食用茯苓的同时不宜饮茶。
☞肝肾阴亏者忌食茯苓。

# 党参茯苓鸡汤

**原料** 党参、茯苓各15克，炒白术、炙甘草各5克，鸡腿2个

**调料** 姜1块

**做法** ①将鸡腿洗净，剁成小块；姜洗净切片。
②党参、炒白术、茯苓、炙甘草均洗净浮尘。
③锅中入500克水煮开，放入鸡腿、姜片及所有药材，转小火煮至熟，冷却后放入冰箱冷藏即可饮用。

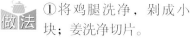

# 茯苓菊花猪瘦肉汤

原料 猪瘦肉400克，茯苓20克，菊花、白芝麻各少许

调料 盐5克，鸡精2克

做法 ①瘦肉洗净，切块，氽去血水；茯苓洗净，切片；菊花、白芝麻洗净。
②将瘦肉、茯苓、菊花放入炖锅中，加入清水，炖2小时，调入盐和鸡精，撒上白芝麻后再焖片刻即可。

# 茯苓鸽子煲

原料 鸽子300克，茯苓10克，枸杞少许

调料 盐4克，姜片2克

做法 ①将备好的鸽子宰杀好，去除内脏，用清水冲洗干净，斩成块，放入沸水锅中氽水片刻，捞出沥干水分；茯苓、枸杞分别洗净，备用。
②净锅上火，倒入适量清水，放入姜片，下入处理好的鸽子、茯苓、枸杞，小火煲至食材完全熟透，加入盐调味即可。

柏子仁

## 健脑益智功效

柏子仁含脂肪油约14％，多为不饱和脂肪酸，还含有少量挥发油以及皂苷、蛋白质、钙、磷、铁及多种维生素等。传统医学认为，柏子仁性平味甘，具有养心安神、润肠通便的功效，可治惊悸、失眠、遗精、盗汗、便秘等症。通过小白鼠的医学实验证实，柏子仁有改善因损伤造成的记忆再现障碍以及记忆消除等症状的作用，而且效果十分明显。现代医学通过大量临床数据证实，合理科学地食用柏子仁，能够起到调理五脏、健脑益智、改善失眠及健忘、养心安神的作用。

## 食用注意

☞不宜生吃柏子仁。

☞食用柏子仁时，应该尽量避免食用辛辣食物。

☞痰多以及大便滑泄者最好不要食用柏子仁。

# 🥣 柏子仁党参鸡汤

**原料** 鸡肉块350克，柏子仁12克，党参15克，红枣20克

**调料** 盐、鸡粉各2克，料酒20克，香菜叶少许

**做法** ①锅注水烧开，倒入洗净的鸡肉块搅匀，淋入料酒后煮沸捞出；药材洗净。

②砂锅注水烧开，放入红枣、柏子仁、党参、鸡肉块、料酒拌匀。

③盖上盖，大火烧开后用小火炖1小时，至食材熟透。

④揭开盖，加入少许盐、鸡粉拌匀，放上香菜叶即可。

# 柏子仁猪心汤

 猪心100克，柏子仁8克，姜片、葱花各少许

 盐、鸡粉各2克，胡椒粉少许，料酒6克

 ①洗净的猪心切片。
②锅注水烧开，放料酒、猪心片拌匀，用大火煮约1分钟，捞出，沥水备用。
③砂锅注水烧开，倒入猪心、柏子仁、姜片、料酒，用小火煲煮约20分钟。
④加入盐、鸡粉、胡椒粉调味，盛出，撒上葱花即成。

# 双仁菠菜猪肝汤

 猪肝200克，柏子仁、酸枣仁各10克，菠菜100克，姜丝少许

 盐、鸡粉各2克，食用油少许

 ①把柏子仁、酸枣仁洗净，装入隔渣袋中；菠菜洗净，切段；猪肝洗净，切片。
②砂锅注水烧热，放入隔渣袋煮15分钟，至药材析出有效成分。
③取出隔渣袋，放入姜丝、食用油，倒入猪肝片，搅拌匀，再放入菠菜段煮沸，加盐、鸡粉调味即可。

## 健脑益智功效

　　杜仲含有人体必需的8种氨基酸，这些氨基酸是大脑组织中最为重要的成分，它们能够保障大脑的健康生长以及促进智力开发，一旦缺乏，则会出现记忆力低下，甚至会出现弱智、痴呆的症状。杜仲中还含有锌、铜、铁、钙、磷、钾、镁等成分。其中，铁是人体红细胞的组成成分，具有给人体各个组织输送氧气的功能，如果大脑正常生长过程中长期出现缺氧的情况，则会导致智力迟钝、注意力不能集中等症状的出现。

　　大量研究表明，杜仲具有益智健脑、补肝肾、强筋骨、抗老化、降胆固醇、降低脂肪、利尿等作用。

## 食用注意

☞外表面灰褐色或黄褐色的杜仲最好不要食用。

☞内热、精血燥者最好不要食用。

# 杜仲核桃兔肉汤

 兔肉200克，杜仲、核桃肉各30克

 生姜2片，盐4克

 ①兔肉处理好，用清水冲洗干净，斩成块。

②杜仲、生姜分别洗净；核桃肉用开水烫去表皮。

③把兔肉块、杜仲、核桃肉放入汤锅内，注入适量的清水，再放入备好的生姜，用大火煮沸后转小火煲3小时，再加入盐调味即可。

#  灵芝山药杜仲汤

**原料** 香菇2朵，鸡腿1个，灵芝3片，杜仲5克，红枣6颗，丹参、山药各10克

**调料** 盐适量

**做法** ①鸡腿洗净，入开水中氽烫；山药去皮洗净，切片。
②香菇泡发洗净；灵芝、杜仲、丹参均洗净浮尘，红枣去核洗净。
③锅入水烧开，将所有材料入锅煮沸，用小火炖约1小时，加盐调味即可。

# 杜仲枸杞炖鸡

**原料** 鸡块400克，杜仲12克，枸杞8克，姜片、葱段各少许

**调料** 料酒8克，盐3克，鸡粉2克

**做法** ①锅注水烧开，倒入鸡块煮沸捞出；杜仲、枸杞洗净。
②砂锅注水烧开，放入姜片、杜仲、鸡块、枸杞、料酒搅拌匀。
③盖上盖，用小火炖30分钟，至食材熟透。
④揭开盖，放入少许盐、鸡粉拌匀调味，撒上葱段即可。

麦冬

## 健脑益智功效

　　麦冬富含葡萄糖及葡萄糖苷、氨基酸、维生素A、β一谷固醇等成分。传统医学认为，麦冬性寒，味甘，微苦，具有养阴润肺、清心除烦、益胃生津等功效，适用于治疗肺燥干咳、咯血、便秘、糖尿病、肝炎等症。其含有的糖类、氨基酸以及维生素A等成分均与大脑的生长发育密不可分，如果缺乏其一，均会造成严重的后果，这时人们身体和大脑的发育会受到阻滞，对于儿童和老人来说表现得更加明显，比如出现智力低下、记忆衰退、痴呆等症状。当代医学认为，麦冬具有健脑益智、改善记忆、养阴生津、改善失眠、润肺除烦的作用。

## 食用注意

☞麦冬不能与木耳一同烹饪，否则会引发胸闷。

☞风寒咳嗽、感冒、腹泻、胃寒腹痛病人忌用麦冬。

# 党参麦冬瘦肉汤

**原料** 瘦肉300克，党参15克，麦冬10克，山药适量

**调料** 盐4克，鸡精3克，生姜适量

**做法** ①瘦肉洗净，切块；党参、麦冬分别洗净；山药、生姜洗净，去皮，切片。
②瘦肉余去血污，洗净后沥干水分，备用。
③锅中注水烧沸，放入瘦肉、党参、麦冬、山药、生姜，用大火炖煮，待山药变软后改小火炖至食材熟烂，加入盐和鸡精调味即可。

# 二冬生地炖龙骨

**原料** 猪脊骨250克，天冬、麦冬各10克，熟地、生地各15克，人参5克

**调料** 盐、味精各适量

**做法** ①天冬、麦冬、熟地、生地、人参洗净。
②猪脊骨洗净，斩块后下入沸水中氽去血水，捞出沥干备用。
③把猪脊骨块、天冬、麦冬、熟地、生地、人参放入炖盅内，加适量开水，盖上盖，隔水用小火炖约3小时，调入适量盐和味精，拌匀即可。

# 参麦黑枣乌鸡汤

**原料** 乌鸡400克，人参、麦冬各20克，黑枣、枸杞各15克

**调料** 盐5克，鸡精4克

**做法** ①乌鸡去毛和内脏，洗净后斩件，氽水；人参、麦冬洗净，切片；黑枣洗净，去核，浸泡；枸杞洗净，浸泡。
②锅中注入适量清水，放入乌鸡、人参、麦冬、黑枣、枸杞，盖好盖。
③大火烧沸后用小火慢炖2小时，调入盐和鸡精即可食用。

玉竹

## 健脑益智功效

　　玉竹为百合科多年生草本植物。《本草正义》中提到玉竹时说道："治肺胃燥热，津液枯涸，口渴嗌干等症，而胃火炽盛，燥渴消谷，多食易饥者，尤有捷效"。中医则认为，玉竹性微寒，味甘，入肺、胃经，能养阴润燥、止渴生津。现代医学研究发现，玉竹含有黏液质、烟酸、铃兰苷、维生素A等成分，经常适量服用玉竹，可以起到促进大脑发育、强心、补中益气、清肺润燥的作用。

## 食用注意

☞健康人群不宜盲目服用玉竹，以免引起身体不适。
☞脾虚而有湿痰气滞者不宜服用。

# 玉竹红枣煲鸡汤

**原料** 鸡肉350克，玉竹15克，红枣、枸杞、川贝各20克

**调料** 盐4克，鸡精3克

**做法** ①鸡肉洗净，余去血水；玉竹洗净，切段；红枣、枸杞、川贝均洗净，浸泡。
②锅中注水，烧沸，放入鸡肉、玉竹、红枣、枸杞、川贝大火烧沸后转小火慢炖2小时。
③关火，加入盐和鸡精调味，拌匀即可。

# 玉竹瘦肉汤

 **原料** 玉竹20克，瘦肉250克，白芷、枸杞各15克

 **调料** 盐适量

 **做法** ①瘦肉洗净，切大块，汆烫，去除血污，再用温水冲洗，沥干，备用。
②将药材洗净，枸杞泡发备用。
③将瘦肉和所有药材一起熬煮，直至药汁入味、润泽，转小火，加入盐调味即可。

# 玉竹沙参炖鹌鹑

 **原料** 鹌鹑1只，猪瘦肉50克，玉竹8克，沙参、百合各6克

 **调料** 姜片、绍酒、盐、味精各适量

 **做法** ①玉竹、百合、沙参用温水浸透，洗净。
②鹌鹑洗干净，去头、爪、内脏，斩件；猪瘦肉洗净，切成块，备用。
③将鹌鹑、瘦肉、玉竹、沙参、百合、姜片、绍酒放入煲内，加入适量沸水，先用大火炖30分钟，再改小火炖1小时，加盐、味精调味即可。

当归

## 健脑益智功效

当归是最常见的中药之一。研究表明，当归含有挥发油、非挥发性成分，还含有蔗糖、果糖、葡萄糖、维生素A、维生素B$_{12}$、维生素E、17种氨基酸以及钠、钾、钙、镁等20余种无机元素。糖类、维生素A、氨基酸对于大脑的发育起着至关重要的作用，它们维持和保障了大脑的生命功能。比如糖类，它们是大脑活动的能源和燃料，如果缺乏能源和能量，大脑将无法正常运作，导致人们学习和记忆困难。研究证实，经常适量服用当归，可在一定程度上改善记忆衰退、智力发育迟滞的症状。

## 食用注意

☞不宜过量食用，否则容易伤胃，还会出现拉肚子等症状。

☞最好是在饭后1~2小时内服用当归。

☞脾胃虚弱引起的湿阻中满及大便溏泄者慎服当归。

# 当归黄花菜瘦肉汤

**原料** 瘦肉90克，黄花菜40克，当归10克，党参8克，姜片5克，香菜叶少许

**调料** 盐3克

**做法** ①瘦肉洗净切小块，放入沸水中余烫，捞起冲净；黄花菜泡发，洗净；当归、党参用清水快速冲净。
②将瘦肉块、黄花菜、当归、党参、姜片放入炖锅，加适量水用大火煮开，转小火续炖30分钟。
③起锅后，加盐调味，撒上香菜叶即成。

# 核桃仁当归瘦肉汤

**原料** 瘦肉500克，核桃仁、当归、姜、葱各少许

**调料** 盐4克

**做法** ①瘦肉洗净，切块；核桃仁洗净；当归洗净，切片；姜洗净去皮，切片；葱洗净，切段。
②瘦肉块入水余去血水后捞出。
③将瘦肉块、核桃仁、当归、姜片、葱段放入炖盅，加入清水；大火慢炖1小时后转小火慢炖15分钟，调入盐即可食用。

# 当归乌鸡墨鱼汤

**原料** 乌鸡、墨鱼各适量，鸡血藤、当归、黄精各少许

**调料** 盐、鸡粉、料酒、胡椒粉、香菜叶、姜片、葱条各适量

**做法** ①乌鸡洗净切块；墨鱼洗净切块；中药材洗净。
②锅注水烧开，放入墨鱼块、乌鸡块、料酒煮沸，捞出。
③砂锅注水烧开，放入鸡血藤、黄精、当归、姜片、余过水的材料、葱条、料酒，盖上盖，大火烧开后用小火煲煮约1小时。
④揭盖，拣去葱条，加入盐、鸡粉、胡椒粉搅拌至汤汁入味。
⑤盛出装碗，撒上香菜叶即成。

天麻

## 健脑益智功效

　　天麻主要含有香荚兰醇、香荚兰醛、天麻苷、多糖、维生素A类物质、黏液质等成分。中医认为，天麻味微辛、甘，入肝经，有熄风止痉、镇痛、抗惊厥、降低血压的作用。此外，天麻尚有明目和显著增强记忆力的作用。天麻对人的大脑神经系统具有明显的保护和调节作用，能增强视神经的分辨能力，已用作高空飞行人员的脑保健食品或脑保健药物。医学上采用天麻注射液治疗老年痴呆症，有效率达81％。现代医学认为，经常适量食用天麻，有健脑益智、强筋骨、平肝益气等作用。

## 食用注意

　　☞天麻不要和御风草根一同食用。
　　☞脾胃虚弱者、孕妇以及儿童慎服天麻。

# 🌀 天麻炖鸡汤

**原料** 鸡肉300克，天麻、生姜各15克，枸杞少许

**调料** 盐4克

**做法** ①鸡肉洗净，氽水；天麻洗净，切片；生姜洗净，切片；枸杞洗净，浸泡。
②将鸡肉、天麻、生姜、枸杞放入炖盅，隔水慢炖2小时。
③加入盐调味即可食用。

# 天麻炖鱼头

**原料** 鱼头1个，枸杞、天麻、红枣、山药片、玉竹、陈皮、沙参各适量

**调料** 盐少许

**做法** ①鱼头洗净，对半剖开后煎香；天麻、红枣、山药片、玉竹、陈皮、沙参均洗净浮尘；枸杞泡发洗净。
②煲内倒入适量清水，放入所有原材料，用大火煮沸，再改小火慢慢炖至汤汁呈乳白色。
③起锅前，加入盐调味即可。

# 天麻黄豆猪骨汤

**原料** 天麻5克，水发黄豆100克，姜片20克，猪骨400克，葱花少许

**调料** 料酒10克，盐3克，鸡粉2克

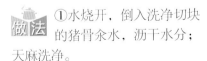**做法** ①水烧开，倒入洗净切块的猪骨余水，沥干水分；天麻洗净。
②砂锅注水烧开，放入猪骨、天麻、姜片、黄豆、料酒，盖上盖，烧开后用小火炖30分钟至食材熟透。
③揭开盖，放入适量盐、鸡粉搅匀调味盛出，撒上葱花即成。

黄芪

## 健脑益智功效

　　黄芪又名绵芪，是百姓经常食用的纯天然药材，民间流传着"常喝黄芪汤，防病保健康"的顺口溜，意思是说经常食用黄芪，可起到良好的防病保健作用。现代医学和药理学研究证实，黄芪含有各种氨基酸、胆碱、甜菜碱、叶酸、亚油酸、亚麻酸、黏液质、葡萄糖醛酸、蔗糖以及多种微量元素等成分，具有增强记忆力的作用，还能延缓大脑细胞衰老，是一种较好的健脑药材。

　　此外，现代医学研究表明，黄芪还有增强机体免疫功能、保肝、利尿、抗应激、降压和较广泛的抗菌作用。

## 食用注意

☞感冒发烧者忌食黄芪。
☞过敏性体质人群慎食黄芪。

## 黄芪牛肉汤

**原料** 牛肉450克，黄芪6克，枸杞少许

**调料** 盐4克，葱段2克

**做法** ①将牛肉洗净，切块，入沸水锅中氽去血水；香菜择洗净，切段；黄芪用温水洗净备用。
②净锅上火，倒入适量清水，下入牛肉、黄芪、枸杞，大火煮沸后转小火煲至熟。
③加入盐调味，撒上葱段即可。

# 黄芪猪肝汤

 **原料** 猪肝200克,当归1片,黄芪15克,丹参、生地黄各适量,姜片5克

 **调料** 食用油、盐、米酒、香油各适量

**做法** ①当归、黄芪、丹参、生地黄洗净,放入锅中,加适量清水,中火熬煮半小时,备用;猪肝洗净切片。
②油锅烧热,入猪肝片炒半熟,盛起备用。
③将米酒、猪肝、姜片放入药材锅中煮沸,用盐、香油调味即可。

# 黄芪瘦肉鲫鱼汤

 **原料** 黄芪15克,鲫鱼1条,猪瘦肉200克,鲜汤500克,生姜片15克,葱段10克

 **调料** 料酒、白糖、盐、味精、胡椒粉、醋各适量

 **做法** ①将鲫鱼去鳃、鳞、内脏洗净,切成两段;猪瘦肉洗净,切成方块。
②锅中下入鲜汤烧开,下入黄芪、瘦肉、生姜、鲫鱼熬煮。
③待食材熟后,淋入料酒,稍煮后调入白糖、盐、味精、葱段、胡椒粉、醋拌匀即可。

## 🥣 黄芪鱼块汤

原料 鱼块300克，枸杞8克，黄芪3克

调料 盐4克，姜片2克

做法 ①将鱼块洗净；枸杞、黄芪用温水洗净，备用。
②净锅上火倒入水，放入姜片、鱼块、枸杞、黄芪煲至熟，调入盐即可。

---

原料 鳝鱼300克，黄芪8克，枸杞少许

调料 高汤适量，盐4克，葱段3克，姜片各2克

做法 ①将鳝鱼的黏液刮洗净，切成段，放入沸水锅中，余水片刻；黄芪洗净备用。
②净锅上火，倒入备好的高汤，下入葱段、姜片、鳝鱼段、黄芪、枸杞煲至熟，调入盐即可。

## 🥣 黄芪鳝鱼汤

---

## 🥣 黄芪煲鹌鹑

原料 鹌鹑1只，黄芪、红枣、扁豆、绿豆各适量

调料 盐2克

做法 ①鹌鹑去毛和内脏洗净；黄芪洗净泡发；红枣洗净，切开去核；扁豆、绿豆均洗净，浸水30分钟。
②锅入水烧开，将鹌鹑焯水后捞起，洗净。
③将黄芪、红枣、扁豆、绿豆、鹌鹑放入砂煲，加水后用大火煲沸，改小火煲2小时，加盐调味即可。

# Part 3
# 健脑益智粥

　　最常见的粥都是以小米、糯米、绿豆等为主食材，搭配其他食材通过小火慢炖熬制而成的。它们普遍具有色正、香浓、味醇糯，食用起来唇齿留香、爽口怡人等特点，是养生滋补佳品。本章所选取的粥类营养丰富，均含有健脑益智成分，而且内容通俗易懂，实用性强，通过反复动手熬制，必定会熬制出一碗美味的健脑益智粥。

小米

## 健脑益智功效

　　小米营养非常丰富，据测定，每100克小米含蛋白质9.7克，脂肪1.7克，碳水化合物76.1克。此外，每100克小米中含有0.12毫克胡萝卜素，维生素B₁的含量也位居所有粮食之首。小米的营养物质容易被人体消化吸收，其丰富的蛋白质成分进入人体后，经过消化分解成氨基酸，可以在血液中转运到大脑中，从而促进大脑和神经组织的正常生长，如果缺乏将会显著影响智力的发育。小米中B族维生素的含量丰富，它们对孩子和成人的神经发育和神经功能健全很有好处。因此，常食小米粥能够健脑益智。

## 食用注意

☞小米是碱性食物，烹煮时，不需要加太多的盐。
☞虚寒与气滞体质人群宜少食小米。
☞小米与杏仁一同食用易引起呕吐反应。

# 小米母鸡粥

**原料** 小米80克，母鸡肉150克

**调料** 料酒6克，姜丝10克，盐3克，葱花、食用油各适量

**做法** ①母鸡肉洗净，切小块，用料酒腌渍；小米淘净，浸泡半小时。
②油锅烧热，爆香姜丝，放入腌好的鸡肉块滑散，捞出备用；锅中加适量清水烧开，下入小米，旺火煮沸，转中火熬煮。
③待粥熬出香味时下入母鸡肉煲5分钟，加盐调味，撒上葱花即可。

# 牛奶鸡蛋小米粥

 牛奶50克,鸡蛋1个,小米100克

 白糖5克,葱花少许

做法 ①小米用清水冲洗干净,浸泡片刻;鸡蛋放沸水锅中煮熟去壳,切碎。

②锅置旺火上,注入适量的清水,放入已经泡好的小米,煮至八成熟。

③倒入备好的牛奶,煮至小米熟烂,再放入切好的鸡蛋,加入适量的白糖调匀,煮至白糖溶化,撒上葱花即可。

# 虾米小米粥

 小米100克,大虾米50克

 盐3克,味精2克,料酒、香油、葱花、姜丝各适量

 ①小米洗净,用清水浸泡;大虾米收拾干净,用料酒腌渍去腥。

②锅置火上,注入清水,放入小米煮至五成熟。

③放入虾米、姜丝煮至米粒开花,加盐、味精、香油调匀,撒上葱花即可。

## 绿豆小米粥

**原料** 绿豆30克，花生仁、核桃仁、杏仁各20克，小米70克

**调料** 白糖4克

**做法**
①小米、绿豆均泡发洗净，花生仁、核桃仁、杏仁均洗净。
②锅置火上，加入适量清水，放入所有准备好的材料，用大火煮开。
③再转中火煮至粥呈浓稠状，调入白糖拌匀即可。

---

**原料** 水发香菇20克，小米80克

**调料** 盐2克，葱少许

**做法**
①小米泡发洗净；水发香菇洗净，切片；葱洗净切成葱花。
②锅置火上，倒入适量清水，放入小米，大火煮至米粒开花。
③加入香菇片，小火同煮至米粥呈浓稠状，调入盐拌匀，撒上葱花即可。

## 香菇小米粥

---

## 阿胶小米粥

**原料** 阿胶适量，枸杞10克，小米100克

**调料** 盐2克

**做法**
①小米泡发洗净；阿胶打碎，置于锅中烊化待用；枸杞洗净。
②锅置火上，加入适量清水，放入小米，用大火煮开，再倒入枸杞和已经烊化的阿胶。
③不停地搅动，用小火煮至粥呈浓稠状，调入盐拌匀即可。

 小米红枣粥

 小米100克，红枣20个

 蜂蜜40克

 ①红枣洗净去核，切成碎末。
②小米入清水中泡发，洗净。
③锅入清水，放入泡发好的小米，用大火煮开，改小火煮至小米熟软，加入红枣末、蜂蜜，拌匀即可。

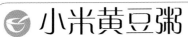 小米黄豆粥

 小米80克，黄豆40克

 白糖3克，葱5克

 ①小米淘洗干净；黄豆洗净，浸泡至外皮发皱后，捞起沥干；葱洗净，切成葱花。
②锅置火上，倒入清水，放入小米与黄豆，用大火煮开。
③待粥煮至浓稠状，撒上葱花，调入白糖拌匀即可。

 小米90克，椰果、木瓜、豌豆各适量

 白糖5克

 ①小米淘洗干净；椰果洗净，切块；木瓜洗净去皮、核，切块；豌豆洗净。
②锅置火上，注入适量清水，放入小米、豌豆，开旺火煮至米粒绽开，放入椰果、木瓜。
③用小火煮至粥成，调入适量白糖，搅拌至入味即可食用。

木瓜小米粥

糙米

## 健脑益智功效

糙米是指脱壳后仍保留着一些外层组织，如皮层、糊粉层和胚芽的米，其营养价值相对于白米来说更高。研究表明，糙米中钙的含量是白米的1.7倍，含铁量是2.75倍，烟碱素是3.2倍，维生素$B_1$高达12倍。研究指出，糙米含有丰富的益脑成分，特别是蛋白质、B族维生素、钙、铁等，这类营养成分共同维护了大脑和其他组织的正常生命活动，缺一不可。每天食用一些糙米对于改善记忆衰退、神经衰弱十分有利。老人以及体虚之人经常食用还能增强免疫力、防治骨质疏松、降低血脂。幼儿、青少年经常食用可以起到健脑益智的功效。

## 食用注意

☞用糙米煮饭或者熬粥前不要反复清洗，以免造成营养物质的流失。

☞胃肠功能软弱的人群应少食或者不食糙米。

## 牡蛎糙米粥

**原料** 牡蛎、腐竹各30克，糙米80克

**调料** 盐3克，葱花、姜丝、胡椒粉、香油各适量

**做法** ①糙米洗净，用清水浸泡；牡蛎收拾干净，用料酒腌渍去腥；腐竹洗净泡发，切成细丝，备用。
②锅置火上，注入清水，放入糙米、牡蛎煮至七成熟。
③放入腐竹、姜丝煮至米粒开花，加盐、胡椒粉、香油调匀，撒上葱花即可。

# 南瓜百合杂粮粥

 **原料** 南瓜、百合各30克，糯米、糙米各40克

 **调料** 白糖5克

 **做法** ①糯米、糙米均泡发洗净；南瓜去皮、瓤洗净，切丁；百合洗净，切片。
②锅置火上，倒入适量清水，放入糯米、糙米、南瓜块大火煮沸，转小火煮至米粒开花。
③加入百合同煮至粥呈浓稠状，再调入白糖拌匀，煮至其融化即可。

# 香菜杂粮粥

 **原料** 香菜叶适量，荞麦、薏米、糙米各35克

 **调料** 盐2克，香油5克

 **做法** ①糙米、薏米、荞麦分别泡发洗净，备用；香菜洗净，切碎，备用。
②锅置火上，倒入适量清水，放入糙米、薏米、荞麦煮至开花。
③煮至粥呈浓稠状时，调入盐、入香油拌匀，撒上香菜叶即可食用。

糯米

## 健脑益智功效

　　糯米营养丰富，为温补强壮食品，具有补中益气、健脾养胃、止虚汗的功效，对食欲不佳、腹胀腹泻等病症有一定缓解作用。糯米中的蛋白质、脂肪、糖类等成分易被人体消化吸收。蛋白质是大脑和神经的主要成分，大脑发育期间，如果缺乏蛋白质的补充，那么脑的生长发育便会受阻，这将会严重影响智力水平。脂类和糖类在大脑发育过程中均扮演着不可替代的角色，缺其一，大脑的生命活动都会受到严重影响。钙对大脑来说，可抑制脑神经异常兴奋，使大脑进入正常工作与生活状态。因此，糯米具有健脑益智、改善食欲、健脾养胃的功效。

## 食用注意

☞糯米性质黏滞，不易消化，所以不宜过量食用。

☞糖尿病以及肾脏病患者宜少食或不食糯米。

## 🥄 鲫鱼百合糯米粥

**原料** 糯米80克，鲫鱼50克，百合20克

**调料** 盐3克，味精2克，料酒、姜丝、香油、葱花各适量

**做法** ①糯米洗净，用清水浸泡；鲫鱼收拾干净后切片，用料酒腌渍去腥；百合洗去杂质，削去黑色边缘。
②锅置火上，放入糯米，加适量清水煮至五成熟。
③放入鲫鱼肉片、姜丝、百合煮至粥成，加盐、味精、香油调匀，撒上葱花即可。

# 红花糯米粥

原料　红花10克，糯米100克

调料　冰糖少许

做法　①将红花洗净；糯米洗净，泡发。
②红花放入净锅中，加入适量清水，小火煎煮约30分钟。
③再加入糯米，大火煮开后转小火熬煮成粥。
④加入少许冰糖调味，一边煮一边搅拌至冰糖溶化，盛出装碗后即可食用。

# 鳜鱼糯米粥

原料　糯米80克，净鳜鱼50克，猪五花肉20克

调料　盐3克，味精2克，料酒、葱花、姜丝、枸杞、香油各适量

做法　①糯米洗净，用清水浸泡；用料酒腌渍净鳜鱼以去腥味；五花肉收拾干净后切小块，蒸熟备用；枸杞洗净。
②锅置火上，注入清水，放入糯米煮至五成熟。
③放入鳜鱼、猪五花肉块、枸杞、姜丝煮至米粒开花，加盐、味精、香油调匀，撒上葱花即可。

## 党参糯米粥

 党参、红枣各20克，糯米100克

 葱花少许，白糖5克

 ①糯米洗净，用清水浸泡；党参、红枣洗净备用。
②锅置火上，注入清水，放入糯米、党参、红枣煮至粥成。
③加入白糖后调匀，撒上葱花即可。

## 山药糯米粥

 荔枝、山药、莲子各20克，糯米100克

 冰糖5克，葱花少许

 ①糯米、莲子洗净，用清水浸泡；荔枝去壳洗净；山药去皮洗净，切小块后焯水捞出。
②锅置火上，注入清水，放入糯米、莲子煮至八成熟。
③放入荔枝、山药煮至粥成，放入冰糖调匀，撒上葱花即可食用。

## 龟肉糯米粥

 糯米100克，龟肉150克

 盐3克，味精2克，料酒、香油、胡椒粉、葱花、姜丝、枸杞、食用油各适量

 ①糯米洗净，入清水中浸泡；龟肉洗净，剁小块；枸杞洗净。
②油锅烧热，下入龟肉翻炒，淋入料酒，加少许盐炒熟后盛出。
③锅中注水烧沸，放入糯米煮至五成熟，放入龟肉、枸杞、姜丝煮至粥成，加盐、味精、香油、胡椒粉调匀，撒上葱花即可。

## 黑枣糯米粥

 **原料** 黑枣30克，红豆20克，糯米80克

 **调料** 白糖、葱花各3克

 **做法** ①糯米、红豆均洗净泡发；黑枣洗净。
②锅中入清水，放入糯米与红豆，用大火煮至米粒开花。
③加入黑枣同煮至粥呈浓稠状，调入白糖拌匀，撒上葱花即可。

## 芡实糯米粥

 **原料** 芡实15克，红枣20克，糯米90克

 **调料** 白糖8克

 **做法** ①红枣去核洗净；芡实泡发洗净，糯米泡发洗净。
②锅置火上，注水后放入糯米，用大火煮至米粒开花。
③放入芡实、红枣，改用小火煮至粥成，放入白糖调味即可。

## 莲子糯米粥

 **原料** 糯米100克，莲子30克，枸杞少许

 **调料** 蜂蜜少许

 **做法** ①糯米、莲子、枸杞均用清水冲洗干净，浸泡1小时。
②锅置火上，放入糯米、莲子、枸杞，加适量清水熬煮至米烂莲子熟。
③再放入蜂蜜调匀即可。

黑米

## 健脑益智功效

黑米营养丰富，含蛋白质、碳水化合物、B族维生素、维生素E、钙、磷、钾、镁、铁、锌等成分。蛋白质是大脑和神经的主要组成成分，在脑和神经发育全程中起着特别重要的促进作用。黑米中的维生素E、锌、钙、磷等成分，进入人体后有利于儿童骨骼和大脑的发育。黑米皮层含有花青素类色素，这种色素本身具有很强的抗衰老作用，对于有慢性病的病人和体虚的康复期病人有较好的滋补作用。现代医学认为，经常适量食用黑米可以健脑益智、滋阴补肾、明目活血、乌发。

## 食用注意

☞无光泽、米粒大小不均匀的黑米为劣质黑米。

☞病后消化能力弱的人不宜食用黑米。

# 🍵 黑米红豆茉莉粥

 **原料** 黑米50克，红豆30克，茉莉花适量，莲子、花生仁各20克

 **调料** 白糖5克

 **做法** ①黑米、红豆均泡发洗净；莲子、花生仁、茉莉花均洗净。

②锅置火上，倒入适量的清水，放入备好的黑米、红豆、莲子、花生仁煮开。

③加入茉莉花同煮至粥呈浓稠状，调入白糖拌匀即可。

# 香菇黑米粥

 香菇30克，黑米50克

 盐适量

做法 ①将香菇用清水反复冲洗，直至没有泥沙，切成小丁备用。
②将备好的黑米用清水泡洗干净，放入锅中，加入适量的清水，小火熬煮成粥。
③放入切好的香菇，煮至全部食材熟透，加上适量的盐，拌匀调味即可。

# 核桃莲子黑米粥

 黑米80克，莲子、核桃仁各适量

 白糖4克

 做法 ①黑米用清水泡发并洗净；莲子泡洗干净；核桃仁洗净。
②锅置旺火上，倒入适量的清水，放入备好的黑米、莲子、大火煮至水沸。
③加入洗好的核桃仁同煮，直至粥呈浓稠状，调入白糖拌匀即可。

## 红枣党参黑米粥

 黑米80克，党参、红枣各适量

 白糖4克

**做法** ①黑米泡发洗净；红枣洗净，去核，切片；党参洗净，切段。
②锅置火上，倒入清水，放入黑米，大火煮沸至黑米开花。
③加入红枣、党参同煮至粥呈浓稠状，调入白糖拌匀即可。

---

 糙米40克，燕麦30克，黑米、黑豆、红豆、莲子各20克

 白糖5克

## 黑米黑豆粥

**做法** ①糙米、黑米、黑豆、红豆、燕麦均洗净，泡发；莲子洗净，泡发。
②锅置火上，加入适量清水，放入糙米、黑豆、黑米、红豆、莲子、燕麦用大火煮沸。
③最后转小火煮至食材熟烂并且粥呈浓稠状时，调入白糖拌匀即可。

---

## 红豆黑米羹

 熟黑米60克，熟红豆50克，人参3克

 冰糖30克

**做法** ①洗净的人参切片。
②锅中注水烧开，倒入煮熟的红豆、黑米、人参搅拌均匀。
③盖上盖，转小火煮约40分钟至食材熟烂。
④揭盖，将冰糖倒入锅中，煮至冰糖完全溶化即可。

**原料** 红薯300克，水发大米100克，水发黑米70克，无花果35克

**调料** 白糖适量

## 无花果黑米红薯粥

**做法** ①红薯洗净去皮切成小丁块，备用。
②砂锅中注水烧热，放入洗净的无花果、大米、黑米，搅拌匀，煮至米粒散开。
③转小火煮约30分钟，至米粒变软，倒入红薯丁，拌匀，用小火续煮约10分钟；煮至熟透，加入白糖搅拌匀，盛出装碗即成。

## 花生黑米粥

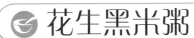

**原料** 熟黑米60克，花生50克，柠檬40克

**调料** 冰糖30克

**做法** ①洗净的柠檬切片装盘。
②锅中倒水，放入洗净的花生烧开，转小火煮约10分钟。
③将熟黑米倒入锅中，用小火煮约30分钟。
④将冰糖、柠檬依次倒入锅中，煮至冰糖完全溶化即可。

**原料** 黑米50克，燕麦35克，去壳桂圆30克，红枣20克

## 黑米燕麦粥

**调料** 冰糖20克

**做法** ①锅中倒清水烧热，放入洗净的桂圆、红枣、黑米拌匀，煮至米粒散开。
②盖上盖，烧开后用小火煮40分钟至黑米熟软。
③揭盖，放入冰糖、燕麦拌匀，续煮一会至冰糖溶化。
④关火后盛出煮好的黑米燕麦粥即成。

玉米

## 健脑益智功效

　　玉米是我国第一大粮食作物，也是全世界总产量最高的粮食作物。中医认为，玉米性平味甘，有开胃、健脾、除湿、利尿、降压、促进胆汁分泌、增加血中凝血酶和加速血液凝固等作用，主治腹泻、消化不良、水肿等。玉米中的蛋白质、脂肪、碳水化合物等营养成分都有利于智力的发育。其含有的铁质主要参与氧气的转运，而大脑正常发育过程中不能缺少氧气的供应，否则极易导致大脑发育迟缓或者停滞。经常食用玉米还可延缓细胞衰老、降低血清胆固醇、增强免疫力。

## 食用注意

☞玉米不宜和牡蛎一同食用，否则会阻碍锌的吸收。

☞拉肚子、胃肠不佳的人群不宜食用玉米。

## 玉米莲子山药粥

原料　玉米10克，莲子13克，山药20克，粳米80克

调料　盐3克，葱少许

做法　①粳米、莲子泡发洗净；玉米洗净；山药去皮洗净，切块；葱洗净切成葱花。
②锅置火上，注水后，放入粳米用大火煮至米粒开花，放入玉米、莲子、山药同煮。
③用小火煮至粥成，加盐调味，撒上葱花即可。

# 银耳玉米沙参粥

 **原料** 银耳、玉米粒、沙参各适量，大米100克

**调料** 盐3克，葱少许

**做法** ①玉米粒洗净；沙参洗净；银耳泡发洗净，择成小朵；大米洗净；葱洗净，切成葱花。

②锅置火上，注水后，放入大米、玉米粒，用旺火煮至米粒完全绽开。

③放入沙参、银耳，用小火煮至粥成时放入盐调味，撒上葱花即可。

# 玉米党参粥

 **原料** 玉米糁120克，党参15克，红枣20克

 **调料** 冰糖8克

 **做法** ①红枣去核洗净；党参洗净，用水润透，切小段。

②锅置火上，注入适量清水，放入玉米糁，大火煮沸后，下入红枣和党参。

③改小火煮至粥浓稠时放入冰糖，拌至溶化，即可食用。

## 红枣玉米粥

原料 大米100克，西洋参、红枣、玉米各20克

调料 盐3克，葱少许

做法 ①西洋参洗净，切成段；红枣去核洗净，切开；玉米洗净；葱洗净，切成葱花；大米洗净。
②锅注水烧沸，放大米、玉米、红枣、西洋参，用大火煮至米粒绽开。
③用小火煮至粥浓稠时放入盐调味，撒上少许葱花即成。

## 三红玉米粥

原料 红枣、红衣花生、红豆、玉米各20克，大米80克

调料 白糖6克，葱少许

做法 ①玉米洗净；红枣去核洗净；花生仁、红豆、大米泡发洗净。
②锅置火上，注水后，放入大米煮沸后，放入玉米、红枣、花生仁、红豆。
③用小火熬煮至粥成，加入白糖调味，撒上葱花即可。

## 银耳玉米粥

原料 银耳30克，绿豆片、红豆片、玉米片各20克，大米80克

调料 白糖3克

做法 ①大米浸泡半小时后捞出备用；银耳泡发洗净，切碎；绿豆片、红豆片、玉米片均洗净，备用。
②锅置火上，放入大米、绿豆片、红豆片、玉米片，倒入清水煮至米粒开花。
③放入银耳同煮片刻，待粥至浓稠状时调入白糖拌匀即可。

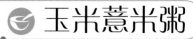

 薏米40克，大米60克，玉米粒、红豆各30克

 盐2克

 ①大米、薏米、红豆均泡发洗净；玉米粒洗净。
②锅置火上，倒入适量清水，放入大米、薏米、红豆，用大火煮至米粒开花。
③加入玉米粒煮至粥呈浓稠状，调入适量盐，拌匀即可。

# 豆腐玉米粥

 玉米粉90克，菠菜10克，豆腐30克

 盐2克，味精1克，香油5克

 ①菠菜洗净；豆腐洗净，切块。
②锅置火上，注水烧沸后，放入玉米粉，用筷子搅匀。
③放入菠菜、豆腐块煮至粥成，调入盐、味精、香油即可食用。

 核桃仁20克，玉米粒30克，大米80克

 白糖3克，葱8克

 ①大米泡发洗净；玉米粒、核桃仁均洗净；葱洗净，切成葱花。
②锅置火上，倒入适量清水，放入大米、玉米煮至米粒开花。
③加入核桃仁同煮至粥呈浓稠状，调入白糖拌匀，撒上葱花即可。

# 玉米核桃粥

大麦

## 健脑益智功效

　　大麦是可溶性纤维极佳的来源，其钠、钾、铁、铜、锌、硒等矿物质元素含量丰富，同时，大麦还富含水分、蛋白质、脂肪、淀粉、不饱和脂肪酸、维生素等，具有很高的营养价值和食疗保健功效。大脑的生长发育活动离不开蛋白质、脂肪、维生素以及铁、锌等成分的供应和参与，通过食用大麦既能达到美容养颜、增强免疫力的作用，又能起到一定的健脑益智、防治神经衰弱的效果。老人还可以通过食用大麦来调理肠胃，帮助消化以及预防记忆衰退。

## 食用注意

☞优质大麦应颗粒饱满，无虫蛀和霉变。

☞易上火以及有严重胃病的人群不宜食用大麦。

# ☺ 羊肉大麦仁粥

**原料** 羊肉100克，大麦仁80克

**调料** 料酒5克，生抽3克，姜丝、盐各2克，味精1克，胡椒粉3克

**做法** ①羊肉洗净，切片，用料酒、生抽腌渍；大麦仁淘洗净，浸泡3小时。
②锅中注水，下入大麦仁，用旺火煮沸，下入腌好的羊肉、姜丝，转中火熬煮至麦粒开花。
③转小火，煮至粥成时放盐、味精、胡椒粉调味即可。

# 麦仁糯米桂圆粥

**原料** 麦仁、糯米各40克，桂圆肉、红枣、青菜各适量

**调料** 白糖3克

**做法**
①麦仁、糯米均泡发洗净；桂圆肉洗净；红枣洗净，去核，切成小块；青菜洗净，切成细丝。
②锅置火上，加入适量清水，放入糯米、麦仁煮开。
③加入桂圆、红枣同煮至浓稠状，再撒上青菜丝，调入白糖拌匀即可。

# 菠萝麦仁粥

**原料** 菠萝30克，麦仁80克

**调料** 白糖12克，葱、盐各少许

**做法**
①菠萝去皮洗净，切块，浸泡在淡盐水中；麦仁泡发洗净；葱洗净切成葱花。
②锅置火上，注入适量清水，放入麦仁用旺火煮至熟，放入菠萝块同煮。
③改用小火煮至粥浓稠时调入白糖拌匀，撒上葱花即可。

荞麦

## 健脑益智功效

荞麦营养丰富，其脂肪含量为2.4％，并富含亚油酸等不饱和脂肪酸，其特点是高度稳定，不易氧化，它对大脑细胞复杂的构造非常有益，是一种高效的益脑成分。此外，荞麦中优质蛋白质含量丰富，在被人体消化分解后容易转化成多种人体生长发育所必需的氨基酸，这些氨基酸部分会参与大脑的复杂而精细的生命活动，如果缺乏氨基酸将难以维持脑和神经等的正常运作，智力会受到冲击，思维易变得缓慢。荞麦含有的多种矿物质成分，比如钙、铁、锌等同样也和大脑的正常生长发育密不可分，对于大脑来说它们都是良好的辅助剂。

## 食用注意

☞荞麦不要和黄鱼一同食用。

☞脾胃虚寒、消化功能不佳、经常腹泻、体质敏感的人群不宜食用荞麦。

## 黄芪荞麦豌豆粥

 荞麦80克，豌豆30克，黄芪3克

 冰糖10克

 ①将荞麦用清水泡发并清洗干净；把豌豆、黄芪均用清水泡洗干净。
②锅置旺火上，倒入适量的清水，放入荞麦、豌豆，煮沸。
③加入黄芪、冰糖同煮至粥呈浓稠状即可。

## 竹叶荞麦绿豆粥

原料　水发大米、水发绿豆、水发荞麦各80克，燕麦70克，淡竹叶10克

调料　冰糖20克

做法
①取一隔渣袋，放入洗净的淡竹叶，制成香袋。
②砂锅注水烧开，放入香袋、洗净的大米、杂粮拌匀。
③盖上盖，煮沸后用小火煮约40分钟，至食材熟透。
④揭盖，取出香袋，加入冰糖搅拌至冰糖溶化即成。

## 小米燕麦荞麦粥

原料　水发小米70克，水发荞麦80克，玉米碎85克，燕麦40克

调料　白糖少许

做法
①砂锅中注入适量清水，用大火烧开。
②倒入洗净的小米、荞麦、玉米、燕麦，将材料搅拌均匀。
③盖上盖，用小火煮30分钟，至食材熟透。
④揭盖，放入白糖略微搅拌片刻，将煮好的粥盛出，装入碗中即可。

## 健脑益智功效

　　燕麦中蛋白质的氨基酸组成比较全面，人体必需的8种氨基酸含量都非常丰富，尤其是含赖氨酸的含量较高，每100克燕麦中高达0.68克。丰富的优质氨基酸能持续高效地补充大脑复杂生命活动所需的营养，提供大脑基础的思维和记忆物质，如果供应不足将会导致记忆力衰退、弱智等症状的出现。磷不仅是构成骨骼和牙齿的重要材料，也是构成脑神经细胞的重要成分。若缺乏磷，幼儿脑的发育也会受到阻滞。经常食用燕麦有强身健体、健脑益智、降低胆固醇、降低血糖、润肠通便的作用。

## 食用注意

　　☞燕麦不宜与菠菜一同食用，否则会影响人体对钙的吸收。

　　☞腹胀者不宜多食燕麦。

## 水果燕麦牛奶粥

 原料　椰果丁、木瓜、玉米粒、牛奶各适量，燕麦片40克

 调料　白糖、香菜叶各3克

做法　①燕麦片用清水泡发，再洗净；木瓜去皮、籽，清洗干净，切成丁。
②锅置火上，倒入清水，放入燕麦片，用大火煮开。
③加入备好的椰果、木瓜丁、玉米、牛奶同煮至粥呈浓稠状，调入适量白糖，搅拌至溶化，撒上香菜叶即可。

# 燕麦枸杞粥

原料　燕麦30克，大米100克，枸杞10克

调料　白糖3克

做法　①将备好的枸杞、燕麦均浸泡一段时间，再倒入清水冲洗干净；将备好的大米倒入清水中洗净，泡发。
②将燕麦、大米、枸杞一起倒入锅中，加入适量的清水，煮30分钟至粥成。
③加入白糖拌均匀，煮至白糖溶化即可食用。

# 红豆燕麦牛奶粥

原料　燕麦40克，红豆30克，山药、牛奶、木瓜各适量

调料　白糖5克

做法　①燕麦、红豆均洗净，泡发；山药均去皮洗净，切丁；木瓜去皮、籽洗净，切丁。
②锅置火上，加入适量清水，放入燕麦、红豆、山药，大火煮沸，拌匀。
③下入木瓜，倒入牛奶，待粥煮至粥呈浓稠状时，调入适量白糖拌匀即可。

黑芝麻

## 健脑益智功效

黑芝麻含有大量的脂肪和蛋白质、糖类、维生素A、维生素E、卵磷脂、钙、铁、铬等营养成分。另外，黑芝麻的营养成分中还包括极其珍贵的芝麻素和黑色素等物质。黑芝麻是非常好的健脑食物，其含有的脂肪主要由亚油酸和油酸组成，它们在大脑发育时期起着极其重要的作用。黑芝麻的维生素A也有促进婴幼儿大脑发育的作用。丰富的维生素E具有抗氧化的功能，这种抗氧化功能可延缓细胞衰老，对维护大脑的复杂生命活动有着重要影响。经常食用黑芝麻不仅能健脑益智，还能美容乌发、滋补肝肾、润肠燥、降血压。

## 食用注意

☞黑芝麻压碎后再食用有益于人体消化吸收。
☞患有慢性肠炎、便溏腹泻者忌食黑芝麻。

# 红枣首乌芝麻粥

 红枣20克，何首乌10克，黑芝麻少许，大米100克

 红糖10克

 ①何首乌洗净入锅，倒入适量水煎煮，去渣备用；红枣去核洗净；大米泡发洗净。
②锅置火上，注水后，放入大米，用大火煮至米粒绽开。
③倒入何首乌汁，放入红枣、黑芝麻，用小火煮至粥成，放入红糖调味即可。

## 花生核桃芝麻粥

 黑芝麻10克，黄豆30克，花生米、核桃仁各20克，大米70克

 白糖4克，葱8克

**做法** ①大米、黄豆均泡发洗净；花生米、核桃仁、黑芝麻均洗净，捞起沥干备用；葱洗净切成葱花。
②锅置火上，倒入清水，放入大米、黄豆、花生米用大火煮开。
③再加入核桃仁、黑芝麻转中小火煮至粥呈浓稠状，调入白糖拌匀，撒上葱花即可。

## 芝麻麦仁粥

 黑芝麻20克，麦仁80克

 白糖、葱花各3克

 ①麦仁泡发洗净；黑芝麻洗净。
②锅置火上，倒入清水，放入麦仁煮开。
③加入备好的黑芝麻同煮，直至粥呈浓稠状时调入白糖拌匀，煮至白糖完全溶化，再撒上适量葱花即可。

松子

## 健脑益智功效

　　松子是松树的种子，其主要含脂肪、蛋白质、碳水化合物、粗纤维、钙、磷、铁等成分。其脂肪含有较多的亚油酸和亚麻酸成分，这两种成分有促进脑细胞生长发育的作用。同时，松子还含有智力发育所需的蛋白质、碳水化合物、钙、磷等成分，它们共同保障大脑和神经组织的正常生长发育，若缺乏，将导致脑发育迟滞，影响智力水平。中医认为，经常食用松子等坚果类美食，会起到极好的健脑益智、养颜、增强免疫力、抗衰老的作用。

## 食用注意

☞不宜过量食用松子，否则易引起腹胀。

☞便溏、精滑、咳嗽痰多、腹泻者忌食松子。

## 松仁核桃粥

**原料** 松子仁20克，核桃仁30克，大米80克

**调料** 盐2克

**做法** ①大米用清水泡发，再用清水中洗净；松子仁、核桃仁均洗净。

②锅置火上，倒入适量的清水，放入泡好的大米，煮至米粒开花。

③加入松子仁、核桃仁同煮至粥呈浓稠状，调入盐拌匀即可。

# 花生松仁粥

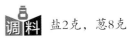 花生米30克，松子仁20克，大米80克

 盐2克，葱8克

做法 ①大米泡发洗净；松子仁、花生米均洗净；葱洗净切成葱花。
②锅置火上，倒入适量清水，放入大米煮至米粒开花。
③加入松子仁、花生米同煮至粥呈浓稠状，调入适量盐拌匀，撒上葱花即可。

# 黄瓜松仁枸杞粥

 黄瓜、松仁、枸杞各20克，大米90克

 盐2克，鸡精1克

 ①大米洗净，泡发1小时；黄瓜洗净，切成小块；松仁去壳取仁，枸杞洗净。
②锅置火上，注入水后，放入大米、松仁、枸杞，用大火煮开。
③再放入黄瓜煮至粥成，调入盐、鸡精煮至入味，再转入瓦煲中煮开即可食用。

白果

## 健脑益智功效

　　白果含有蛋白质、脂肪、糖类、粗纤维、维生素B₂、钙、磷、铁等成分，是一种营养丰富的食物。蛋白质是生命的基本组成部分，对于大脑的迅速发育有决定性的影响，缺乏则会导致大脑的发育低于正常水准。白果中的某些不饱和脂肪酸对大脑的复杂构造非常有益，缺乏它，脑细胞就不可能在最佳水平运转，这会损害人们的学习力和记忆力，甚至会引发疾病，比如重度抑郁症、精神分裂症等等。白果中的粗纤维有助于润肠通便、保持身心愉悦。钙、磷、铁等矿物质成分都是大脑生长发育不可或缺的加速剂。经常适量食用白果可健脑益智。

## 食用注意

☞白果不宜生食，也不宜过量食用，否则易导致中毒。
☞婴幼儿最好不要食用白果。
☞白果不宜与鳗鲡鱼一同食用。

# 扁豆白果糯米粥

**原料** 扁豆、白果各20克，糯米100克

**调料** 盐2克，葱少许

**做法** ①糯米泡发洗净；扁豆择去头、尾、老筋，洗净切段；白果去壳、皮、心，洗净；葱洗净切成葱花。
②锅置火上，注入清水，放入糯米，用旺火煮至米粒开花。
③放入扁豆、白果，改用小火煮至粥成，加入盐调味，撒上葱花即可。

# 冬瓜白果姜粥

**原料** 冬瓜25克，白果20克，姜末少许，大米100克，高汤半碗

**调料** 盐2克，胡椒粉3克，葱少许

**做法**
①白果去壳、皮，洗净；冬瓜去皮、籽洗净，切块；大米洗净，泡发；葱洗净切成葱花。
②锅置火上，注入水后，放入大米、白果，用旺火煮至米粒开花。
③放入冬瓜、姜末，倒入高汤，改用小火煮至粥成，加入盐、胡椒粉调味，撒上葱花即可。

# 白果腐皮大米粥

**原料** 白果、豆腐皮各适量，大米110克

**调料** 盐2克，味精1克，葱少许

**做法**
①白果去壳、去皮，洗净；豆腐皮洗净，切成丝；大米泡发洗净；葱洗净切成葱花。
②锅置火上，倒入清水后，放入大米用旺火煮至米粒完全绽开。
③再放入白果、豆腐皮，改用小火煮至粥浓稠时，加入盐、味精入味，撒上葱花即可。

绿豆

## 健脑益智功效

　　绿豆含有蛋白质、脂肪、碳水化合物、膳食纤维、维生素$B_1$、维生素$B_2$、胡萝卜素、磷脂、烟酸、叶酸以及矿物质钙、磷、铁、锌等成分。熟透绿豆的营养物质得到充分释放，容易被人体消化和吸收。其中蛋白质会分解成多种优质的氨基酸，它们能控制脑神经细胞的兴奋与抑制，主宰脑的智能活动，帮助记忆和思考，同时在语言、运动、神经传导等方面也起重要作用。B族维生素在脑内的作用是帮助蛋白质的代谢，对维持记忆力具有显著疗效，尤其是维生素$B_1$，不仅有保护神经系统的作用，还有防止精神疲劳和倦怠的功能。

## 食用注意

☞绿豆不宜与榧子同食。

☞脾胃虚寒者最好少食或者不食。

☞有霉烂、虫口、变质的绿豆最好不要食用。

## 绿豆玉米粥

 大米、绿豆各40克，玉米粒、胡萝卜、百合各适量

 白糖4克

 ①大米、绿豆均泡发洗净；胡萝卜洗净，切丁；玉米粒洗净；百合洗净，切片。
②锅置火上，倒入清水，放入大米、绿豆煮至米粒开花。
③加入备好的胡萝卜、玉米、百合同煮至粥呈浓稠状，调入白糖拌匀即可。

# 绿豆樱桃糯米粥

 绿豆20克，樱桃适量，糯米90克

 白糖10克，葱少许

 ①糯米、绿豆泡发洗净；樱桃洗净；葱洗净，切成葱花。
②锅置火上，注入适量清水，放入糯米、绿豆用大火煮至熟烂。
③转小火慢煮，放入樱桃煮至粥成，加入适量白糖调味，撒上葱花即可食用。

# 首乌绿豆粥

 大米100克，何首乌10克，绿豆片适量

 红糖10克

 ①何首乌洗净入锅，倒入一碗水熬至半碗，去渣待用；绿豆片洗净；大米泡发，洗净待用。
②锅置火上，注水后，放入大米，用大火煮至米粒开花。
③倒入何首乌汁，放入绿豆片，用小火熬至粥成，放入红糖调味即可。

## 绿豆薏米粥

 **原料** 绿豆200克，薏米200克，土茯苓15克

 **调料** 冰糖10克

 **做法**
①绿豆、薏米淘净，盛入锅中，加6碗水。
②土茯苓碎成小片，放入锅中，用大火煮开，转小火续煮30分钟。
③加冰糖煮至溶化即可。

---

## 绿豆苋菜粥

 **原料** 大米、绿豆各40克，苋菜30克，枸杞5克

 **调料** 冰糖10克

 **做法**
①大米、绿豆均泡发洗净；苋菜洗净，切碎；枸杞洗净，备用。
②锅置火上，倒入清水，放入大米、绿豆、枸杞煮至开花。
③待煮至浓稠状时，转小火，加入苋菜、冰糖稍煮即可。

---

## 绿豆雪梨粥

 **原料** 水发绿豆100克，水发大米120克，雪梨100克

 **调料** 冰糖20克

 **做法**
①洗好去皮的雪梨去核，切成丁。
②砂锅中注水烧开，放入洗净的绿豆、大米，搅拌匀。
③盖上盖，烧开后用小火煮30分钟，至食材熟软。
④揭开盖，倒入切好的雪梨丁，加入适量冰糖搅匀，煮至溶化即可。